财富的秘密

[美] 乔治·克拉森 著 文轩 译

THE RICHEST MAN

IN

BABYLON

中国书籍出版社
China Book Press

图书在版编目（CIP）数据

财富的秘密 / （美）乔治·克拉森著；文轩译 . —北京：中国书籍出版社，
2016.9

ISBN 978-7-5068-5895-3

Ⅰ . ①财… Ⅱ . ①乔… ②文… Ⅲ . ①巴比伦人—商业经营—经验Ⅳ . ① F715

中国版本图书馆 CIP 数据核字（2016）第 246822 号

财富的秘密

（美）乔治·克拉森　著，文轩　译

图书策划	牛　超　崔付建
责任编辑	戎　骞
责任印制	孙马飞　马　芝
出版发行	中国书籍出版社
地　　址	北京市丰台区三路居路 97 号（邮编：100073）
电　　话	（010）52257143（总编室）　（010）52257140（发行部）
电子邮箱	eo@chinabp.com.cn
经　　销	全国新华书店
印　　刷	三河市华东印刷有限公司
开　　本	880 毫米 ×1230 毫米　1/32
字　　数	230 千字
印　　张	7.5
版　　次	2017 年 1 月第 1 版　　2020 年 1 月第 2 次印刷
书　　号	ISBN 978-7-5068-5895-3
定　　价	32.00 元

目　录

财富的秘密

目
录

百万富翁的致富哲学

目
录

财富的秘密

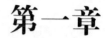

第一章

债务的秘密——勇敢面对你最大的敌人

对你来说最大的敌人是什么？是债务！它们如同魔鬼一样逼迫着你，让你不得不逃离巴比伦，背井离乡，过着悲惨的生活。如果你放任不管，任由它们胡作非为，那么它们的强大就会超出你的想象；如果你在意识里把它们当作敌人，坚定地和它们战斗，你就能够获得最终的胜利——制伏它们，并且重新得到城市里的人的敬重。

用勇气面对债主

有一种特别的感觉，叫做饥饿。在不同的时候，它能够给你不同的体验。有时，你会因为拥有这种感觉而神志清醒；而有的时候，你会因为它的存在而更加渴望食物。

阿祖尔的儿子塔卡德现在正经受着这种噬人的折磨。过去整整两天的时间里，除了从别人花园里偷来的两颗无花果以外，他没有吃过其他任何食物——原本他还有机会吃更多，不幸的是一个妇人发现了他，并追得他落荒而逃。塔卡德是那样狼狈，那个妇人一直在他的身后叫骂着，以至于路上的人们纷纷侧目，像看怪物一样看着他。一直到他逃到了市场，那个妇人的叫骂声仍然回荡在他耳边。这让他感到十分恐惧，也打消了继续偷窃的意图，尽管市场上的那些水果极大地诱惑着他。他惊讶地发现了很多自己从小到大从不曾留意过的美食，也发现自己从来不曾像今天这样对美食有着无比的向往。在这个时候，任何能够填饱肚子的东西对他来说都显得无比美好。

妇人的叫骂声一直压迫着他的神经，迫使他匆匆穿过川流不息的人群，离开了市场，来到一家客栈前面站定。他在这里不断地徘徊着，急切地盼望遇到一个熟识的人，并向他借一点钱，这样他才能够从容地走入客栈。但不切实际。现在他的身上一分钱也没有，即便是一个普通的客栈跑堂也显得比他更有底气，这样老板怎么会欢迎他呢？塔卡德不住地叹息着，自己经历的厄运让他感觉无比难堪。当然，这在眼下都可以搁到一边了，填饱肚子才是当务之急。他在心里暗暗盘算着：为了避免饿死在街头，还是尽快想个办法弄点东西来吃吧。

正当他聚精会神地为了自己进入客栈吃饭的事情而盘算的时候，不经意间发现一个他最不愿意见到的人正朝着他迎面走过来。这是塔卡德的债主之一，骆驼商达巴希尔，一个身材高大而瘦削的精明商人。对于塔卡德来说，再也没有比达巴希尔更让他头疼的人了。塔卡德和他约定的还钱期限早就已经过去，而塔卡德当初许下的诺言仍然没有兑现，这使得他一直有意识地躲避着达巴希尔。

命运女神也在欺负塔卡德，现在他和达巴希尔狭路相逢了。看到塔卡德，达巴希尔的眼睛顿时亮了起来。他高声叫道："哈哈，塔卡德啊，遇见你真是太巧了，我正在到处找你。怎么样，一个月前，你找我借了两个铜钱，还有，在这之前你还欠我一块银币，加起来总共是一块银币两个铜钱，没有错吧？快点还钱吧，小伙子，我们约定的还钱期限早就到了不是吗？嗯，你怎么不说话？"

达巴希尔堵住了塔卡德的去路，使他没有办法离开。饥饿让塔卡德浑身发颤，被债主堵住的羞愧感更是让他满脸通红。他没有精力，更没有心思和达巴希尔争辩，只希望自己的哀求能够让达巴希尔大发善心、网开一面，放自己离开这个尴尬的地方。于是他小声地说道："非常……抱歉，但是，我……今天没有钱，更别说是还钱给您。"

塔卡德希望的局面没有出现。一听说他没有钱，达巴希尔就大声骂道："什么？你没有钱还给你的朋友和你的父亲吗？你怎

么会连自己的钱都没办法守住呢？要知道，他们可是在你最困难的时候慷慨地帮助过你！"

塔卡德尴尬地回应道："可是您也看到了，最近我的确是很倒霉……所以……"

"倒霉？这是你为自己的无能和软弱而向诸神们抱怨吗？你应该得到这样的惩罚，为你只知道借钱，却不知道还钱的行为而得到惩罚。好了，跟我到客栈里去吧，咱们去吃个饭，我饿了。借着这个机会，我给你讲一个故事。"

塔卡德心里流过一股暖流，尽管达巴希尔刚才的话让他感觉到无地自容，颜面尽失，但至少他邀请自己吃饭了！这对塔卡德而言无疑是雪中送炭。他于是紧紧跟着达巴希尔一起走进了客栈里。

塔卡德和达巴希尔找到一个角落里的位置，坐在了小地毯上面。

就在这时，客栈的老板考思科微笑着走了过来。达巴希尔豪爽地叫道："嘿，你这个来自沙漠的肥蜥蜴，给我一盘煮熟的山羊腿，记得多加点酱汁，还有面包和蔬菜。我今天要多吃一些东西，差点饿坏了。嗯，对了，给我的朋友来一壶凉水，天太热了，别让他中了暑。"听到这里，考思科带着一丝轻蔑的笑意看了一眼塔卡德，没有多说什么，转身准备食物去了。

听完达巴希尔的话，塔卡德原本温暖的心一下凉了半截。他感觉到这是一种侮辱，而且恐怕会让他一生都难以忘记。他暗暗想到：难道达巴希尔并没有想要请我吃饭，只是让我坐在这里，喝着凉水，看着他狼吞虎咽吗？这种想法让他顿时陷入了沉默之中，不知道如何应对。

然而，达巴希尔此刻的注意力并没有放在他的身上。他不断地环视着周围，和那些相熟的客人们微笑着打招呼。这让塔卡德感到更加难受。他这才明白，自己成为了一个陪衬的穷人，这里的一切和自己的身份已经不再符合了，他只是一个穷人，一个失去了尊严和荣誉的男人，在这里只会受到别人的蔑视和讪笑。

　　达巴希尔并没有考虑塔卡德的想法。打完招呼之后，他终于扭过头来，对着塔卡德说道："我听说了一件事情，是一个从乌尔发回来的流浪者告诉我的。据说那里有一个富翁，他的手里有一块薄到完全透明的石头。这个富翁就把这块石头镶在自己的窗户上面，每天透着这块石头去看外面的世界。这个流浪者曾经到过富翁的家，并且得到主人的允许做同样的事情。谁知道他看了之后才发现，透过这块石头，他看到了一个奇异的，和以往世界完全不同的世界，甚至不像是现实。你觉得如何，这是真的吗，塔卡德？一个人能够透过一块石头看到一个完全和现实不同的世界吗？"

　　食物上来了，这让塔卡德完全没有办法将自己的注意力集中到达巴希尔刚才的问题上。他盯着达巴希尔面前的那盘山羊腿，心不在焉。他含糊不清地说道："我觉得……"

　　达巴希尔显然对塔卡德的回答并不满意，他打断了塔卡德的话，接着说道："我觉得，这个故事一定是真实的。原因很简单，因为我也曾经看到过和现实完全不一样的世界。这让我看清了这个世界真实的颜色是什么。接着我就告诉你这个故事。"听到这里塔卡德才恍然大悟，原来达巴希尔前面说到的那块石头，只是他漫长故事的一个铺垫。

　　然而塔卡德还没有机会答话，他的周围就乱成了一锅粥。客栈里的客人们听说达巴希尔要讲故事了，都自发地聚集了过来。他们拉近了自己的地毯，双手高举着自己的食物，在达巴希尔的位子前围成了一个圈。他们高声地谈论着，一边毫无顾忌地大嚼食物。所有的人手上都有食物，除了塔卡德。这让他狼狈不已。他恨不得在地上找个缝钻进去，离开这个鬼地方。然而达巴希尔好像故意给他制造难堪似的，他既没有分给塔卡德一丁点食物，也没有示意允许他离开。塔卡德只能眼睁睁地看着达巴希尔面前的那些面包屑不断掉落到地板上，被浪费了。

挥霍只会受到伤害

达巴希尔看见人们都聚集了过来，感觉十分满足。他开始讲述他的故事了："接下来我要说的是……"他故意停顿了一下，抓起山羊腿咬了一口，以便勾起人们足够的兴趣，然后才继续说下去："你们也许都不知道，我曾经在叙利亚做过奴隶。这就是我要说的，我从一个奴隶变成一个骆驼商的故事。"在将这话说出来之前，达巴希尔在内心进行了激烈的斗争。做过奴隶，这对任何人来说都是一种耻辱，达巴希尔也这样认为。但是他觉得，如果一个人从奴隶变成了富翁，这比普通人成功的故事更能够激励别人，这个奴隶也更能够得到别人的尊重。因此他觉得自己应该将这个故事和别人分享。

达巴希尔的话引起了一阵骚动，客人们都觉得十分惊讶。听众的这些反应让达巴希尔感觉十分满意，他又狠狠地咬了一口山羊腿，然后接着说道："我的父亲是一个工匠，他以制造马鞍为生。年轻的时候，我就跟随他，在他的铁匠铺里打工，学习着做生意。后来我结了婚。那时因为太过年轻缺乏经验，我几乎没有什么技能。相对地，收入就十分微薄，只勉强够我和妻子度日。我渴望得到更多的东西，但这些仅仅依靠我的收入，显然得不到满足。于是我开始依靠借钱来生活，去买那些能够满足我虚荣心的东西。我很高兴地发现，那些商店的店主十分信任我，虽然我的薪水有限，根本不可能及时地还钱给他们，但是他们还是相信我的信用，相信我过一段时间就可以清偿欠他们的债务。

"现在想想，我当时没有任何生活经验，也过于年轻。我发疯似的买东西，给我的妻子和家人，但是那些商品的价格和我的收入完全无法对等。我没有意识到这样经常性的债务存在，会让我陷入无底洞般的深渊当中，这会让我的将来面临困境。

"这种放纵很快让我陷入了困境当中，钱就像流水一样，从我的身边快速地淌出去了。我终于感觉到了恐慌，我微薄的收入已经无法让我过上舒适的生活，因为我必须要清偿我欠下的债务。那些曾经信任我的商店主们开始四处搜寻我的下落，我的信用不复存在。而面对那些奢侈的花费，我根本无力偿还。无奈之下，我只好去找朋友们借钱还债。但是和我曾经的挥霍相比，这些钱已经无济于事。我的生活因此变得困顿，日子也没有办法过下去。无奈之下，我送妻子回到了她的娘家，然后自己一个人离开了巴比伦，想去别的城市看看能否获得新的机会。

"之后的两年时间，日子依旧难过。我在沙漠商队里找到了一份工作，但并不开心。我寻求新的生活，并在偶然之间成为了一个强盗——沙漠里的商队们最痛恨的人群。跟着强盗们四处打劫商队的日子在当时看来很刺激，但在现在，这种行为让我感

到羞愧。我为我的父亲感到难过，他的儿子侮辱了他的名声。当然，那个时候的我浑然不觉，就像是那个富翁一样，我透过一片带着颜色的石头来看这个世界，这让我完全看不清楚自己在堕落。

"第一次打劫，我们就获得了一笔大买卖，众多的黄金、丝绸，以及其他价值不菲的货物让我们兴奋不已。我们将这些财富带到了吉尼尔城，在那里，我又过上了以前那种肆意挥霍的生活。很快我们又成为了一群一穷二白的强盗。

"第一次的成功让我们相信，抢劫的钱财来得很容易，但是第二次我们遇到了麻烦。在一个沙漠商队那里，我们遭到了一些士兵的袭击，他们是那些商队雇佣的。经过上次被抢之后，商人们显然变得谨慎了很多。和那些训练有素的士兵相比，我们这些乌合之众们显然不是对手，最后我们都成了俘虏。两个强盗头目都被斩首了，其余的人则被剥光了衣服，作为奴隶被押送到了大马士革，成为了贩卖品。

"我被一个来自叙利亚的沙漠部落首领买走了，价格是两个银元。之后我被打扮了一番，理去了头发，缠上了腰布，变成了真正的奴隶。对我来说，这是一个前所未有的经历，好奇心让我忘掉了恐惧，把这个过程当成了一次冒险。但是事情显然没有我想的那样简单。一天主人叫来了四个妻妾，并当着她们的面告诉我，我将被阉割，然后担任奴仆。

"我像掉进了一个冰窖里，浑身发冷，根本没有办法自救。我没有任何武器，也不熟悉地理情况，这让我没有办法逃跑。我就像是一只待宰的羔羊，没有任何反抗的机会。事实上，如果你们处在那样的情况下，同样也会感觉到无能为力。

"那四个女人用一种我无法读懂的眼神看着我，这让我更加恐惧。我多希望她们能够说句话解救我，但是这没有发生。主人的大老婆希拉只是扫了我一眼，脸上没有任何表情。而二夫人同样没有任何表情，她脸上的淡漠让我感觉我连一只蚂蚁也不如。而三夫人和四夫人更是可恶，她们在一边快乐地笑着，一副想看好戏的样子。我感觉自己成了一个笑话，眼前的这些人将我的痛苦当做一种快乐，这让我感觉生不如死。我只能在心里默默祈祷，希望诸神能够保佑我好好活下去。"

拥有自由人的灵魂

到了这样关键的时刻，达巴希尔突然沉默了起来，似乎又回到了那个让他难忘的场景之中。依稀之间，主人的四个妻妾仿佛就在他的面前，用冷漠的眼神看着他，而他依旧没有任何反抗的能力。他努力让自己平静下来，以便继续将故事说下去。周围的人们也都沉默着，等待着达巴希尔再次开口。突然，达巴希尔咬了口面包，继续说道：

"当时我好像是一只市场上贩卖的牲畜，等待着别人的挑选，然后被送进屠宰场。那种内心深处生不如死的痛苦，没有经历过的人是不会感受到的。你们会觉得那是很遥远的故事，当然，没有真正体验过，你们无法体会到那种折磨人的感觉。

"女人们都沉默着，谁也没有说话。时间好像凝固了，我感觉就像过了一个世纪。终于，主人的大老婆希拉说话了。

"'我们有很多阉割过的奴仆，'她冷冷地说道，'多一个

还是少一个没什么关系。现在最重要的是，我们缺少拉骆驼的奴隶。我母亲生病了，因此今天我要回家去看她。但是没有一个奴隶拉骆驼的本事能够让我放心。这个奴隶呢？他会拉骆驼吗？'

"她说完，主人就问我说：'嘿，你会拉骆驼吗？'

"这句话对我来说，不啻于一次重生。我的心重新跳动了起来，像是落水的人抓住了一根救命的稻草一样。我尽量压抑住内心的激动，缓缓地回答说：'是的，我懂得如何和骆驼沟通。我可以让它们听从我的话，蹲下来，或是去驮货物。而且，我还可以修理它们鞍套上的配件，并且带着它们毫不困倦地进行远足旅行！我十分乐意尽全力为您效忠！'

"这解救了我。主人听完之后很满意地点头说：'嗯，这个奴隶好像的确对骆驼很了解，看上去也很可靠。希拉，是否要让这个奴隶来给你拉骆驼，就由你自己决定吧。'

"就这样，我从一场噩梦中脱离出来，成为了给希拉拉骆驼的奴隶。当天，我就领着她的骆驼，跟随她一起穿越沙漠，回到她家去探望她的母亲。中途我们在休息的时候，我向她表示感谢，并且把我的身份、我的故事都告诉了她。原本我或许希望能够得到她的同情，遗憾的是她并没有这样做。她接下来说的话让我惭愧，也让我陷入了长时间的自我反思当中。

"她高声说道：'你为什么会沦落到今天这个地步？是因为你性格软弱，才会得到上天的惩罚。一个人如果内心的灵魂就是奴隶，那么不管他曾经是什么样的身份，他都会被灵魂牵引着成为奴隶。就如同水往低处流一样，堕落的行为也比追求上进更加容易。然而，如果你的内心是自由的，那么不管你经历怎样的遭遇，都依然是一个自由人，无论是在城市，还是在乡村，都能够

受到尊敬。你呢？你知道自己内心的灵魂，究竟是奴隶，还是自由人吗？'

"接下来，我依旧在这种厄运中生活，跟别的奴隶们一样，在同一个地方吃饭，在同一个地方睡觉。作为一个奴隶，我越来越像样。但是我和其他人之间从不交流，我认为自己和他们根本不一样。有一天，希拉问我说：'为什么你在黄昏的时候不和别的奴隶们一起玩乐，而是一个人坐在那里？和他们一起玩乐，你会活得更快乐一点。'

"我回答道：'我一直在想你说的那番话。我始终想不通：我的内心是不是有奴隶的灵魂？然而我和那些奴隶们根本没有共同语言，没有同样的爱好，他们的快乐我无法体会，因此我更喜欢独自坐着。我的内心只有做奴隶的痛苦，却没有任何快乐。我无法和他们一同玩乐。'

"听完我的话，希拉犹豫了一下，说出了她内心的秘密：'和你一样，我也时常一个人坐着，因为我和那些小妾之间同样没有共同语言。我的丈夫是为了我丰厚的嫁妆才娶我的，他并没有真正在意过我。我没有得到过他的爱。更重要的是，我不能生育，这和她们之间有着很大的区别，所以我只好远远地离开她们。对我来说，如果做个男人还要当奴隶，那还不如去死。不过，在我们那里，女人就是一种商品，和奴隶也没有任何区别。'

"我突然问她说：'你可以告诉我吗？你觉得我到底是个什么样的人？我到底是拥有自由人的灵魂，还是拥有奴隶的灵魂？我想听到你诚恳的回答，我很想知道答案。'

"她没有直接回答我的问题。顿了一下，她反问我说：'你

第一章 债务的秘密——勇敢面对你最大的敌人

想做一个自由人，然后还清你在家乡所欠下的债务吗？'

"'当然。但是现在我是个奴隶，没有办法脱身，都自身难保了，还怎么去还债？'

"'如果你还是像一个奴隶一样，每天昏昏沉沉地生活，直到你的精力全部用尽，而不是想办法去努力还债的话，那么，你还是一个让人鄙视的奴隶。人们都会把那些缺乏信誉、拖欠债务的人当作奴隶看。自由人和此恰恰相反。他们会想尽一切的办法，去努力将自己的债务还清。他们把债务当作自己最大的敌人，并且愿意付出生命的代价来消灭它们。'

"'可是我现在还是一个奴隶，没有办法脱身回到巴比伦，怎么能够还债呢？'

"'那你就继续这种想法，躲在这里做你的奴隶，逃避债务吧，你依旧和以前一样软弱无能！我现在可以告诉你了，你的内心是一个奴隶的灵魂，你的生命也会以奴隶的身份结束！'

"我急切地反驳道：'不，我不是个软弱的人，我的内心不是奴隶的灵魂！'

"'是吗？那你就要自己想办法来证明，让别人看到你的内心是一个自由人的灵魂！'

"'怎么证明？我还是个叙利亚的奴隶，我甚至没有自由，我怎么能够去偿还债务？'

"'你知道巴比伦王吧，全世界都知道他是一个伟大的国王，为了抵抗他的敌人，他想尽了一切的办法。对你来说，债务就是你最大的敌人，它们将你从巴比伦赶了出来。如果你在意识里把它们当作敌人，坚定地和它们战斗，你就能够获得最终的胜利——制伏它们，并且重新得到城市里的人的敬重。可惜的是，你并没有积极地想办法，而是在不断的徘徊当中消磨着自己的意志，直到有一天，你完全接受了在叙利亚做一个奴隶的生活。你将会以一个奴隶的身份，把自己的一切永远留在叙利亚，心血，汗水，乃至生命。'"

做自由的富人

"希拉的那番话引起了我的思考，让我刻骨铭心。毫无疑问，这是我一生中获得的最有价值的忠告，它比黄金更加珍贵。我们可以通过各种方式来获得黄金，但却没有办法换来这样的忠告。我想了很多，这些都能够证明在我的内心，我没有奴隶的灵魂，可惜的是，我没有找到和希拉说明这一切的机会。我一直想见到希拉，告诉她我的内心是自由人的灵魂。三天之后，我终于等到了。希拉的一个侍女带着我去见希拉。

"希拉对我说：'我得回家去看我母亲，她又生病了。你去牲口棚里牵出两头能远行的骆驼来，做好长途旅行的准备。我的侍女会去准备食物。'

"很快我将骆驼准备完毕，很奇怪的是，侍女准备了那样多的食物，这让我疑惑，因为到希拉的娘家用不了一天时间，根本没有必要准备那样多的食物。一切就绪，希拉和她的侍女各自骑上了一匹骆驼，我在前面牵引着。到了天黑的时候，我们终于到达了希拉的娘家，而那些食物和水几乎没有动过。

"希拉没有立即进家门。她将侍女支开，然后从骆驼背上下来，一脸严肃地问我道：'现在请告诉我，你的内心当中，是自

由人的灵魂，还是奴隶的灵魂？'

"我毫不犹豫地回答道：'是自由人的灵魂。'

"'很好。现在你可以有机会证明自己了。你赶快逃跑吧！你的主人已经喝醉，正在家中酣睡。我回头会告诉他，你在跟随我回娘家的时候偷走了骆驼并逃跑了。骆驼上袋子里有你主人的衣服，还有食物和水。希望天上的诸神保佑你！'

"希拉的话让我感激不已。我对她说：'你的灵魂实在是高贵！跟我一块离开吧，在这里你根本得不到幸福。现在就这样回去，你也很难和主人交代。我愿意带给你幸福！'

"希拉却显得十分平静：'一个有夫之妇，却跟随别人跑到异国他乡，这是得不到幸福的。你自己走吧，前面的路途遥远，而且一路都很荒瘠，你要小心，愿诸神保佑你！记住你的话，你的内心是自由人的灵魂，它会指引你回到巴比伦。'

"话说到这里，我也不好勉强她。为了表示对她的感激，我多次感谢了她，然后借着月色，我离开了希拉的娘家。那一刻开始，我重获自由。但是我很清楚，作为一个奴隶，偷主人的骆驼并逃跑十分严重，一旦被抓住，我就会被杀死。因此尽管我对叙利亚一点也不熟悉，根本不知道如何才能回到巴比伦，但我已经没有退路，只能一直拼命地向前跑。

"那一晚，我走到了一片无人区。那里崎岖不平，以至于我的骆驼都被凸出的岩石磨破了脚，只能痛苦地慢慢向前走。那个地方很荒凉，连只野兽都没有。

"之后的旅途对我来说，实在比做奴隶还要残酷，所以我到现在也不愿意跟人提起。日子过了几天，我的食物和水都没有了，只能艰难地向前走。太阳毒辣辣的，晒得我似乎都要被烤焦了一样。就这样挨到了第九天，我甚至连坐在骆驼上的力气都没有了。连续几天没吃没喝，让我的身体变得十分虚弱。我觉得自己可能要死在这里了，我问自己，我的生命真的要在这里结束了吗？

"我面对着天空，倒在地上昏睡了过去。一直到了第二天的早上，我才在阳光的照射下慢慢地苏醒过来。

"我支撑着坐了起来，看了看周围的环境。到处是岩石、黄沙还有荆棘丛，一片荒凉。我看不到任何有水的迹象，也没有办法找到食物。那两只骆驼也累得躺在地上，怎么拉也不起来。

"我几乎快要绝望了。我在心里问自己，难道我真的要在这里默默无闻地死去吗？我的全身都像是烧着了一样，酸痛不已，嘴唇干得都流出血了，舌头也肿了起来，胃里空无一物，这真是极大的折磨。然而，我的头脑却出人意料地变得比任何时候都要清醒，强烈的求生本能让我再一次振作起来。

"在这个荒无人烟的环境里，我又一次询问自己的内心：'我是做奴隶的灵魂，还是做自由人的灵魂呢？'我突然茅塞顿开。如果我放弃了最后一点生存的希望，安然地躺在那里等待死亡的到来，那么我的内心自然是做奴隶的灵魂，这也是一个逃跑的奴隶应有的结局。

"希拉的脸浮现在我的面前，她没有说话，只是静静地看着我。我想起了我和她的对话。我的内心是一个自由人的灵魂，那么我将怎样去面对现实？很显然，我应该拼命地活下去，站起来，回到巴比伦，努力还清欠的那些债务，向那些曾经相信我的债主们道歉，然后将快乐和安宁还给我的妻子、我的父母，重新做一个自由的人，赢得别人的尊重。感谢希拉，在这个时候，她

再一次给了我力量。我清楚地看见了自己要走的路，再次获得了力量。我站了起来，为了做一个自由人而继续前进。"

有志者事竟成

"我的心里一直藏着一句话，就是希拉曾经告诉我的：'逼迫你离开巴比伦的敌人，就是你的债务。'很显然，希拉是对的，事实正是如此。

我开始追悔，为什么我要将妻子送回娘家，为什么我没有让我的家人安乐，为什么我不能做个真正的男子汉？

"接下来，一件奇妙的事情发生了，这件事就像是一缕阳光，直射我的内心，让我看到了生命的奇迹。从那一刻起，我开始明显地感觉到了我身上的变化。以前，我一直透过那片有颜色的石头来看世界，这样我看到的世界和真实世界有着极大的区别。然而到了此刻，这种颜色突然消失了，我重新看到了这个世界的真实，也真正明白了人生的真正价值！

"我不可以就这样在沙漠里死去。我真正开始作为一个自由人，思考自己的人生。与命运抗争，做自己的主人，用一切办法重新回到巴比伦，这是我要做的第一件事。我要去见我的债主们，告诉他们，在经历了如此多的磨炼之后，我回来了，回来用我的努力，去赎回我丢失的承诺。我渴望能够做一个有信用的人，尽快还清那些债务，让我的妻子安定，让我的父母为我骄傲，让城市里的人们为我欢呼！

"我的敌人只有一个，就是债务！我辜负了那些曾经帮助和信任过我的人，我要回报他们的善良，还清我的债务。这才是一个自由人应该做的，不去逃避自己的债务。

"我感觉自己重新得到了力量，尽管我的身体依旧虚弱，食物和水仍然是我所渴求的，然而我已经获得了解脱。我颤颤巍巍地站起来，内心的渴望支撑着我。我渴望回到巴比伦，打败我的敌人，回报那些帮助过我的人。这种信念始终在我的内心萦绕，让我感觉力量重新回到了体内，或许，这就是自由人的灵魂带来的力量。我真诚地感谢神灵，他们让我重新认识了自己，也让我站立了起来；感谢希拉，她给了我力量，让我不再做一个卑躬屈膝的奴隶，而是挺直了腰杆做人。

"奇迹依旧在发生。那两只原本已经昏厥的骆驼，见我站了起来，居然也努力爬了起来。我在内心中的呼唤，也帮助了它们，唤醒了它们。

它们用仅有的一点力量驮着我走向北方。我在心中告诉自己：'巴比伦城，我一定会回来的！'

"感谢诸神，事情到了此时，一切都开始向好的方面发展。一路上我发现了水，发现了食物，也发现了回到巴比伦的路。这一切，都是因为我做自由人的灵魂保佑着我。人生有很多的考验，而自由人的灵魂，会帮助人勇敢地解决这些问题，通过这些考验。然而那些做奴隶的灵魂只会躲在一边叹息：'我只是一个奴隶，连自己的自由都没有，又如何跟命运抗衡呢？'"

就在这时，达巴希尔突然停止了讲故事。他看着塔卡德，大声说道："塔卡德，你有什么想法吗？现在，饥饿是不是让你的头脑更加清醒了呢？你内心做一个自由人的灵魂是不是被唤醒了？你看到了这个世界真实的颜色了吗？你作为一个自由人的尊

严，打算找回来吗？你愿意回报信赖你的人，重新在巴比伦城变成个受人敬重的富人吗？"

达巴希尔的一席话，让塔卡德内心激动不已。他噙着泪水站了起来，大声回答说："谢谢你，达巴希尔，你的这个故事我终生难忘。它给了我很多的启发，我也因此再度看清了这个世界。我感觉得到，内心当中，一个自由人的灵魂正在呼唤我，我渴望努力还清我欠下的债务，重新做一个自由人！"

一个听众打断了他们两人之间的对话，问道："达巴希尔，我好奇的是，你是怎么还清债务的呢？"

达巴希尔回答道："当你下定了决心的时候，任何事情都会变得简单。我开始不断地寻找赚钱的方法和出路，希望有朝一日能够将债务还清。拥有自由人的灵魂，它会督促你努力地去工作，并且通过付出得到回报。一回到巴比伦，我就去找那些债主，然后向他们请求延长还债的期限。这当中有些人不再信任我，他们痛骂我表示愤怒，然而依旧有一些人愿意相信我。这当中，一个放贷的商人马松不但相信我，而且还继续帮助我，给了我很多忠告。他知道我在叙利亚给人拉过骆驼，就把我介绍给骆驼商人老纳巴图。老纳巴图碰巧正在四处购买大量的骆驼，我所掌握的骆驼相关知识对他很有用。于是我就在他的帮助下赚钱。渐渐地，我的债务都还清了。当所有的债务都还清的时候，压在身上的压力终于卸掉了，我终于可以抬起自己的头，骄傲地重新成为一个受到别人尊重的自由人！

"至于我还债的具体细节和方法，我已经将它们刻在了石板上面，一共有五块。你们可以随时去看看。我衷心地希望，这个故事可以为你们带来一些力量，让你们的内心也有自由人的灵魂，并让它指导你们摆脱贫穷，成为富人。"

说到这里，达巴希尔突然又对客栈老板喊道："考思科，别再慢慢吞吞的，像蜗牛一样。你看见了吗？这儿的食物都已经凉了。再给我一些新鲜的烤羊肉，记着给塔卡德也来一盘。可怜的小伙子，他肯定已经饿得不行了。好了，故事已经讲完了，相信他也从中受到了该有的启发，欠我的债务，我相信他一定能还得清。现在，先让他和我一起享受美食吧！"

好了，达巴希尔的这个传奇的故事，到了这里也已经讲完了。对于任何人来说，当他开始从这个充满哲理的故事中读到了一些特别的东西，并且遵循着这个方法去执行的时候，他也就获得了自由人的灵魂。

到了今天，这个哲理依旧在人们之间传承着，不断地引导着人们去摆脱那些困扰他们的债务，帮助他们走出贫穷，不断迈向成功的财富之路。在未来，它依然将帮助那些拥有智慧的人，给他们力量去面对债务。每个人都应该知道这个哲理：只要你有心去做，世上的任何事情都难以阻止你！

第一章　债务的秘密——勇敢面对你最大的敌人

第二章

财富和运气的秘密——用勤劳工作去换取财富

很多人把工作当成是自己的敌人，对它持有一种厌恶的态度。然而，如果你可以放下对工作中的辛苦和艰难的敌视，那么工作将会成为你的挚友。如果你想要获得运气和财富，成为一个杰出的人才，那么，做好自己的工作，并协助他人一同工作，则是最好的方法。

世上没有免费的午餐

巴比伦有一个传奇的商人萨鲁·纳达，他有着无数的金银珠宝，富可敌国。虽然在巴比伦，他并不是最富有的人，但毫无疑问，他是这里举足轻重的一个人物。

此时他正一脸得意地骑着马走在商队的前头。他的衣着合身，十分体面，也很华贵。他胯下的马也是优良的品种。这样骑在马背上向前，被他认为是一生中最值得记忆的时刻。这无疑是一种身份、地位的象征，并不是所有人都可以像他这样风光。看着他此刻的风光，你当然没有办法想象他曾经经历过怎样的苦难。萨鲁·纳达的成功之路并不是一帆风顺的，他经历过很多的磨炼，才取得了这样的成就。

萨鲁·纳达眼下正要从大马士革运货回巴比伦。这是一条漫长的商道，而且还要穿越茫茫的沙漠，无疑有着很大的危险。这一路上到处都有阿拉伯的部落，那里的男人们都擅长武艺，而且蛮不讲理，一旦货物们入了他们的法眼，你就很难逃脱。这是沙漠商队最害怕的事情，但萨鲁·纳达显然并不担心。他早为此做了准备，雇佣了一大批骁勇的保镖随行。因此安全对他来说只是个小问题，不值得他去忧虑。他相信他的这些保镖们能够圆满地完成任务。

现在，萨鲁·纳达所担心的事情，是他眼前的这个年轻人。从大马士革开始，他就一直跟着自己。他名叫哈丹·古拉，是阿拉德·古拉的孙子。

　　阿拉德是萨鲁·纳达过去的商业伙伴，并且对他有恩，这种恩情在萨鲁看来，是他一辈子没办法回报的。这使得萨鲁一直想要帮助哈丹。然而很显然，哈丹和他的爷爷性格上比起来相差很多，这让他和萨鲁几乎没有办法沟通。萨鲁为此而烦恼着，他不明白，这个年轻人的现在，和当初自己所处的环境有什么区别？

　　想到这里，萨鲁又用目光打量了一下哈丹。他一身的珠光宝气，手上戴着戒指，耳上坠着耳环，一副俗气的打扮。萨鲁心想："他和他的爷爷在打扮上的确是差很多。不过，我的目的不是为了教育他如何打扮才不俗气，而是帮助他打造自己的事业，避免他和他父亲一样破产。"

　　萨鲁正在思考怎样才能帮助哈丹时，突然就听到哈丹说话了："萨鲁，你的工作为何总是这么辛苦？不管严寒还是酷暑都要带着商队走很远的路穿越沙漠，不是很累吗？你年纪已经大了，不是应该找个时间放松自己，享受人生了吗？难道你不知道人生有很多东西值得你去享受，而不是只投入到工作中吗？这样的生活是不是太枯燥了？"

　　哈丹的话说得理直气壮，然而萨鲁并不这样认为。他笑了笑，回答说："嗯？那么，请你告诉我，怎样做算是在享受人生呢？换句话说，如果现在你是我，你会怎样享受呢？"

　　"如果我和你一样富有，那么，我会想要做一个王子，每天穿上最华丽的衣服，戴上最珍贵的珠宝，四处花钱，直到口袋里空空如也。这是我梦想的生活，这才是人生的享受，而不是在这样热的天气里在沙漠里乱跑。"说着，哈丹看了看萨鲁，两人都

笑了。不同的是，萨鲁的笑是无奈，他觉得这个年轻人是一个享乐主义的信徒，这和阿拉德差了太远。

萨鲁开始教育他了："哈丹，可是你知道吗？你爷爷非常节俭，从来不穿戴那些珠宝。"他顿了顿，半开玩笑地问道："你这么年轻，难道从来没想过工作吗？还是你不知道，一切的享受开始之前，你要先工作？"

哈丹丝毫没在乎萨鲁的教育，他点头道："是的，工作在我的眼中是奴隶们的事情，我没有兴趣，也不会为此而费心。我只希望享受短暂的人生，对自己的人生负责。"

萨鲁感到了一阵悲哀：死去的阿拉德，那样一个勤奋工作的人，怎么会有这样荒唐的孙子！他的孙子居然对工作没有兴趣！萨鲁语塞了。他默默地骑着马向前，走到了一个小坡上。这时他回过头看着哈丹，然后指着远方的一个山谷说道："你看见了吗？前面就是巴比伦城，传说中的财富之城。那个高高的塔就是贝尔神殿，或许你还能看到神殿上那团燃烧的永恒之火。"

哈丹边看边回答道："嗯，看到了，原来那里就是巴比伦吗？我一直想要去这个世界上最富有的城里看看，看看传说中遍地黄金的城市是否真的存在。唉，爷爷曾经在这里做过生意啊，如果他还活着就好了，我们的生活就会富裕得多。"哈丹说着，幽幽地叹了口气。

萨鲁忍不住说道："为什么呢？你一定要指望你的爷爷吗？你和父亲同样可以自己做事情啊！难道你们真的认为，你们的智慧和爷爷相比差太多吗？"

哈丹显得很无奈地回答道："很显然，我们并没有掌握到爷爷的经商技巧，也没有那样的天赋。"

萨鲁感到很难过。眼前的这个年轻人只看到了他的爷爷是一个富翁的现实，而没有看到在背后爷爷是如何通过辛勤的工作来赢得成功的。他没有再说下去，复杂的心情让他无力继续同哈丹辩驳。他只是慢慢地掉转马头，走下山坡继续向巴比伦进发。他的身后，商队们紧紧跟随着，一阵红色的灰尘在他们身后扬起。

关于工作的争论

　　队伍走过一片水田时，萨鲁看见了三个正在干活的老农，觉得有似曾相识的感觉。他觉得有些荒唐，四十年过去了，重新回到这里，居然还能在同一个地方发现同一群人。这是真的吗？萨鲁不禁有些疑惑。但是仔细一看，他更加坚定了自己的看法。没有错，他们就是四十年前的那三个农民！此刻，其中一个正扶着犁休息，另外两个则手持木棍，督促着牛拉犁。然而牛似乎也累了，它慢吞吞地走着，并没有理睬老农。

　　萨鲁想到了四十年前。当时，他多么希望自己能够和他们一样做一个农民啊！当然，在四十年后的今天，他已经完全没有了这种想法。萨鲁下意识地回过头去，看了看他身后的商队，人数众多，货物堆积如山，而这些对于他来说，只是九牛一毛而已。这怎么能让他不感到得意呢？回首四十年前的往事，萨鲁不由得满足地笑了。

　　他指着田地里的那三个农民，转过头对哈丹说："你看，已经四十年过去了，这些人仍然在一起工作。"

"你怎么知道四十年前他们也在一起工作呢？"

　　萨鲁知道这很难在一时之间解释清楚，因此只是简单地回答道："四十年前，我在这里见过他们。"

　　四十年前的回忆被这三个农民勾起了。依稀之间，萨鲁的眼前又出现了阿拉德那张带着善意笑容的脸。他因为身边这个只知道享乐的年轻人而激起的不快情绪，就此消失不见了。

　　萨鲁感觉很头疼。他感到无能为力，没有丝毫的办法能够帮助眼前这个尊奉享乐主义的年轻人。萨鲁可以为他提供众多的工作机会，可惜的是，这个只知享受的年轻人对此并没有任何兴趣，他更倾向于把工作当成是一种负担，因此，工作机会对他来说没有意义。对阿拉德的亏欠感，让萨鲁很想帮助哈丹做一些事情，然而对于这个喜欢挥霍和享受的年轻人来说并不容易。

　　萨鲁的头脑中突然闪过一个计划，这个计划以他今天的身份、地位十分为难，而且实施这个计划，多少有些让他不忍心，因为它可能会给哈丹带来痛苦。犹豫了一下，萨鲁终于下定了决心，他决定将这个计划付诸实施。

　　于是，他装作漫不经心地对哈丹说道："哈丹，你想知道当年我和你爷爷是怎样合作赚钱的吗？"

　　哈丹变得兴奋起来："当然。你快告诉我你们是怎样赚到那样多的钱的，这是我最感兴趣的。"

　　萨鲁似乎并没有听到哈丹的话，他自顾自地说道："最开始的时候，我就跟你现在差不多的年纪。我和这些农民一样，在这块田里做活。当时和我一起的有三个人，我们连成一排，一同工作。当中有一个叫梅吉多的，他一边看着那些农民干活，一边对我发牢骚说：'你看，那群农民根本就不努力工作。他们的犁把根本没有握紧，地耕得太浅了，这样怎么能够获得好的收成？’”

萨鲁的话让哈丹吃了一惊："什么？你说你跟梅吉多，在一起工作？"

"不错。当时我们脖子上铐着铜镣铐，然后用一条铜链连成一排。梅吉多在我旁边，而他旁边是一个小偷，叫做萨巴多，是我的老乡。最旁边的那个不知道叫什么名字，他很少说话，胸口上刻着水手们流行的纹身，因此我们都叫他'海盗'。我们被连在一起，一起走路，一起干活。"

哈丹满脸都是不可置信的表情："我没听错吧，你是说，你曾经像个奴隶一样被铐起来？这怎么可能？你难道曾经是个奴隶？"

萨鲁点点头说："是。难道你的爷爷没有告诉过你这件事吗？"

"他的确经常提起你，可是他从来没有说过你是个奴隶出身！"

萨鲁一脸坦然地看着哈丹，说："嗯，你爷爷为我守口如瓶，的确是值得信赖的朋友。你也一样，对吗，年轻人？"

哈丹说："那是自然。你放心，我不会告诉别人的。只是我很惊讶，也很好奇，你到底是怎样变成奴隶的？"

萨鲁轻松地耸耸肩膀，似乎对自己曾经是奴隶的事并不在意。他回答说："实际上每个人都是奴隶，都被某些东西束缚住了。我的束缚是赌场和啤酒。当然，我哥哥也要负些责任，他做事很冲动，而我被他的冲动所害。

"有一次，他和朋友在赌场里发生了争执，一时失手之下，

他将朋友杀死了。为了救他，我父亲必须要筹够打官司的钱。于是我被抵押给了一个寡妇。糟糕的是，还钱的日子到了，我的父亲却没有足够的钱赎回我。那个寡妇一气之下，就把我卖给了一个奴隶商人，就这样，我在很年轻的时候就背负上了沉重的包袱，成了一个痛苦的奴隶。四十年过去了，这对我来说，依旧是一个噩梦。"

听到这里，哈丹愤怒地打断道："这太无耻了，人们之间没有一点公平和正义！那么你怎么办？你怎么改变自己的命运的？"

萨鲁说："别急，听我慢慢告诉你。

"我和梅吉多等人从那些被他骂懒惰的农夫身边走过，他们却用嘲笑来面对我们。其中一个农夫把他的破帽子摘下来，对着我们鞠躬道：'欢迎你们来到巴比伦，国王邀请的贵宾们！看吧，国王正等着为你们接风呢，去那里品尝美味的泥砖吧！'他一说完，那些农夫就大笑起来。

"我没有听明白，只看见海盗愤怒地骂他们。于是我问海盗：'那些农夫说的是什么意思？'

"海盗回答说：'意思说国王让我们去挑砖块砌城墙，直到筋疲力尽为止。当然，也有的人还没有用完力气，就被监工们活活揍死了。要是我，他们敢揍我，我就和他们拼命。'

"就在这时，梅吉多在一边说道：'我不相信。勤奋工作的奴隶会得到主人的良好对待，没有主人会不喜欢辛勤工作的奴隶。'

"萨巴多哼了一声说：'可是谁会努力工作？你看那些农夫，他们看上去很勤劳，实际上都在偷懒，只是在那里装一装架

势，混混日子而已。'

"就这样，我们开始了一场争论。当时没人会想到，这个争论对我有着重要的意义。这场争论启发了我，给了我重新生活的勇气。"

努力工作才能改变人生

"听了萨巴多的话，梅吉多立刻反驳道：'不，混日子和偷懒并不是一回事。比如，当你犁了一公顷田时，或许你是在通过工作混日子，但主人能够看出来你的辛勤。相反，如果你只犁了半公顷的话，那么很显然你在偷懒。我从不这样做。我喜欢工作，它是我最好的朋友。因为工作勤劳，我拥有过很多美好的东西。'

"萨巴多立刻反唇相讥：'噢，是吗？那你拥有的东西在哪里？光靠努力是不行的，不如用脑子赚钱，这样还不用干那些沉重的活。看吧，如果我们被卖到城墙那边，我肯定会被派去做一些轻松的工作，而热爱工作的你，就去挑砖吧，直到你的脊梁都断掉。这是两种不一样的命运。我们的区别就在这里。'

"那天晚上，我辗转难眠，被卖去挑砖的恐惧感侵袭着我，让我难以安宁。等其他人都睡着之后，我偷偷跑去找警卫戈多索。戈多索原来是一个来自阿拉伯的强盗，很凶狠，也很残忍。一旦被他盯上，你就完蛋了，他不但会掠夺你的东西，而且会扭断你的脖子。但我不得不靠近他，因为我希望从他嘴里得到一些问题的答案。

"我靠近他，小声问道：'我有个疑问，戈多索。我们到了巴比伦，会被卖去城墙那里挑砖吗？'

"他看了看我，好奇地问道：'你为什么对这个感兴趣？'

"我哀求他道：'我还年轻，我想继续活下去。我不想去挑砖累死，或是被打死。怎样才能避免去那里？'

"他笑了笑说：'好吧，你从来没给我惹过麻烦，算是不错的年轻人，我就告诉你吧。你们将会被带到市场上贩卖，寻找买主。你要告诉买你的人，你喜欢工作，而且努力肯干。这样，你才能说服他买你回去。要记住，一定要在一天以内找到愿意买你的人，否则你就会被带去挑砖。现在知道了吗？努力工作才能解救你！'

"这之后，我一直想着工作的事。梅吉多白天说的话对我来说很有意义。如果努力工作，我就可以摆脱挑砖的命运的话，那么，我会把工作当作最好的朋友！只要努力工作就能够生存下去，这个认识让我浑身充满了力量，我对前途也有了足够的信心。未来如何，要看我自己的努力了。

"第二天，我找了个机会偷偷将这件事告诉了梅吉多。我们生存下去的希望，就在接下来的过程当中了。虽然对未来我们并没有任何预知的能力，但是我们清楚一点，工作就能够改变命运。这让我们心安。那天下午，我们到了巴比伦的城墙边。在那里，成千上万的奴隶们正在努力干活。大多数人都挑着砖，沿着陡峭的斜坡艰难地向上走，目的地是坡顶上的建筑。

"那些动作稍慢的奴隶们，不但要忍受监工们的辱骂，还要遭到他们手中鞭子的抽打。有一些虚弱的奴隶受到了打骂，再也不堪重负，就此倒下去了。监工们会继续用鞭子抽打他们，直到他们无法站起来，就会把他们拖到路边，等到完工以后丢到坟墓里面去。这简直是一种非人的生活，看得我浑身发颤，内心中充满了恐惧。我害怕自己也会在这里遭受同样的痛苦。任何一个有着正常情感的人，都会在这样的场景面前不寒而栗。

"戈多索并没有骗我们。我们被关进了奴隶的监牢，直到第二天被人拖进了市场。在市场里，我们被关在围栏里。由于恐惧，大家都挤成一团，买主们难以看清。守卫们只能上前用鞭子抽打将人们分开，以方便买主查看奴隶。和他们不同的是，我和梅吉多在推销着自己，和每一个站在围栏前的人沟通，说服他们带我们离开这里。我们很清楚，这是改变我们悲惨命运唯一的机会。

"海盗是第一个被挑走的。他的主人是国王卫队的一个军官。显然海盗并不愿意跟他走，他激烈地反抗着，换来的是士兵的鞭打。我为他难过。奴隶没有自由，也无须反抗。反抗只能让你更加痛苦，而辛勤的工作才是唯一的出路。

"没有买主靠近我们的时候，梅吉多一直在安慰我：'放心吧，很快就轮到我们了。''我们喜欢工作，工作会改变我们的未来。''有人把工作当作敌人，但是当你通过工作拥有了一栋房子的时候，你就会把当初垒砖和泥的艰苦忘在脑后了。所以要记住，如果你被买走了，要全力为主人工作。不要去计较主人是否因此而感谢你，只要你把自己的工作做好，并且尽力帮助其他人同样做好工作，那么你一定会成为杰出的人，受到幸运女神的青睐！'梅吉多正说话间，一个粗犷的农夫走到了围栏前，仔细打量着我们。

"梅吉多急忙走上前去，主动和农夫交谈。在一番自我推销

之后，农夫很快就被梅吉多说服了。他开始和奴隶贩子讨价还价，并最后带走了梅吉多。这一下只剩下我了。失落感包围了我，让我的心里开始恐慌，我当时多么希望有一个买主出现在我面前，给我一次避免去城墙的机会啊！

"经过一上午，很多奴隶都被买走了。而我仍然留在围栏里。中午戈多索偷偷走了过来，告诉我说，奴隶商人已经开始准备'清仓'了。当天傍晚，所有没有卖出去的奴隶都会被带到城墙那里去。这就是说，留给我的机会只剩下了下午短短的几个小时。我几乎要绝望了。就在这时，一个胖胖的人走了过来，他语调柔和地问道：'你们当中有人会做面包吗？'我意识到，救星来了。

"我几乎是立刻回答他说：'先生，虽然我不会做面包，但是我看您的手艺一定很好。您找一个愿意学习这门技术的学徒不好吗？您看，我年轻好学，我非常愿意跟随您学习做面包。请您给我一次机会吧，我会给您带来更多利润的。'

"听完我的话，他笑了，转身就开始和奴隶商人还价。奴隶商人此前从来没有注意过我，然而现在，他开始不停地夸奖我。我站在一边，生怕他们最后谈不拢。幸运的是，他们最终谈成了。我长舒了一口气。这让我避免了去挑砖的悲惨命运，我的人生从此刻开始获得了转机。跟随着主人离开奴隶市场时，我的步子轻快起来，在那一天，我无疑是巴比伦最幸运的人。"

辛勤工作会让你一直富有

"很幸运的是，我找到了一个好主人。他叫纳奈德，是一个出色的面包师傅。在他的教导下，我开始学习用石磨来磨麦、起灶火、做芝麻粉……他把他所有的技术都教给了我，以便于我更好地为他服务。这让我很高兴。我知道，只有当主人认为我不可或缺的时候，我的命运才会出现可喜的改变。与那些在城墙边干苦活的奴隶相比，我已经有了一张不错的床，生活很不错了。主人的老奴斯瓦斯蒂对我也很好，为了感谢我帮她做一些粗重的家务，她常常会煮一些可口的食物给我吃。毕竟如果她自己去干那些活的话会很吃力。

"我终于有信心继续活下去了。在主人家里，我可以向他证明我很勤劳，并借此来为我未来的自由打下基础。在这时，我终于看到了生命的曙光，重获在未来生活的信心。

"为了能够更好地工作，我常会主动去向主人请教。我的这种态度让他十分喜欢，他很快就把他的技能都传授给了我。主人对此十分高兴，因为我已经学会了所有的活，他可以有更多的时间去休息了。然而斯瓦斯蒂却并不高兴。她担心地说：'一个人有更多的时间去享受，显然并不是一件好事。'然而我并不这样认为。我可以做更多的工作，这样主人会更加明白我的重要性，这对他对我都是件好事。

"接下来我要考虑的，就是如何去赚钱赎回自己了。仔细一

想，每天中午面包和蛋糕做好之后，我就开始无所事事了。如果我利用下午的时间多做一些面包拿到街上去推销，这不是一个很好的工作吗？这样既可以让纳奈德赚到钱，也可以为我自己攒一些钱，这样有朝一日，我一定可以赎回自己的自由。于是我就跟纳奈德商量这件事。

"纳奈德对我的这个建议十分赞同，并且称赞我勤劳，懂得上进。他高兴地说：'这样吧，两块蛋糕卖一块钱，赚来的钱扣除了面粉、蜂蜜等等必要的成本之后，我们对半分成。'纳奈德显得十分慷慨。

"纳奈德提出的这个分配方案让我十分感激，从这个方案中我将得到丰厚的收益。因此当天晚上我就开始加班工作起来。我要制作一个托盘来盛放蛋糕。为了工作方便，纳奈德还给了我一件破袍子，斯瓦斯蒂帮我把袍子补好并且清洗了一番，避免我在工作中因为奴隶的身份而产生不便。我感觉自己有了一个新的开始，接下来我只要努力地将这件事做好，就能够重新见到自由的阳光。

"第二天上午，我特意多做了一些蛋糕，到了下午，我就用托盘装着它们去推销。刚开始的时候并不顺利，没有人对我的蛋糕有兴趣。我很失望，但是并没有放弃。到了傍晚的时候，我的蛋糕终于推销出去了。

越来越多的人开始光顾，蛋糕最后销售一空。第一天就获得了成功，这让我充满了希望，我完成了自己的任务。

"我高兴地回到了主人的家里，并将一天的收入交给了纳奈德。看到生意如此成功，纳奈德也没有食言，于是我得到了人生中的第一笔收入。这让我激动不已。我想起了梅吉多的话，他说得对，如果奴隶们能够辛勤地工作，那么就一定会得到主人的善待。我很感谢他对我说了这样的话，这改变了我的命运。那一夜兴奋的感觉一直围绕着我，让我难以入眠。我一直在盘算着，按照这样的赚钱速度进行下去，我何时能够重获自由。

"接下来，我每天都去街上推销我的蛋糕，很快，我不但赚到了一笔钱，而且还有了一批固定客户。这批人当中，有一个人在我的生命中有着重要的意义，他就是你的爷爷阿拉德·古拉。那时他是一个地毯商，经常带着一个黑奴在城市间出入。这时的他虽然还不是很富有，然而他很精明，也很勤快。这些都成为他后来成功的原因。他经常来买四块蛋糕，两块给自己，两块给那个黑奴。每次他都会边吃蛋糕边和我聊天，渐渐地，我和他变得无话不谈。

"有一天，你爷爷对我说："萨鲁，我很喜欢你的蛋糕，还有你的经营方法。你有着极强的进取心，这会帮助你在未来获得成功。'这番话，我至今仍然记得。

"你知道为什么吗，哈丹？因为那时的我不过是一个失去自由的奴隶，正在努力奋斗，对未来充满梦想。但事实上，我也不知道未来会如何。然而你的爷爷给了我很大的鼓舞，从那时起，我开始勤奋工作，期待有朝一日可以像你爷爷一样，成为一个自由的富人。

"之后的几个月时间，我每天都勤奋地工作，慢慢地，我的钱也多了起来。我为此感到兴奋，如梅吉多所说，工作成了我最好的朋友。然而主人的情况却让人担心。斯瓦斯蒂告诉我，主人每天都流连赌场，她为此十分担心。遗憾的是，我并没有对她的话有太多的想法。如果在当时我能够重视一点，及时劝告我的主

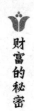

人，那么我或许能够更早获得解脱。

然而我的无视让我再度遭受了悲惨的命运，后面我会慢慢告诉你。

"现在我要告诉你的，是关于梅吉多之后的故事。有一天我正卖蛋糕时，梅吉多出现在了我的面前。我们一见面都感到很高兴。我看见梅吉多带着几头驴子，驴子上都驮着蔬菜。寒暄一番之后，他告诉我，因为工作能力出众，主人十分赏识他，现在他已经当上了工人的头。不但如此，梅吉多的家人还被接来和他团聚，可见主人对他的信任。梅吉多说：'因为勤劳工作，我得以摆脱困境，而且还有了自己的财产。不久之后的将来，我将重新获得自由。'梅吉多的话更加坚定了我的信心，我相信总有一天我会通过自己的勤劳而得到幸福。"

如何获得幸运之神的青睐

"接下来说说我的主人吧。纳奈德对于赚钱的要求越来越迫切了，每天我一回去之后，他就立即焦急地将赚的钱计算出来，然后把我的那份给我。除此之外，他还叫我多开拓市场增加收入。我当时没有想太多，只是觉得纳奈德希望生意更好，而我则需要更加努力地工作，在为他赚钱的同时，也为自己的未来打算。

"我开始往城外跑了，在我看来，那些监工们或许对蛋糕会有兴趣。

虽然我很痛恨那个地方，但是为了生意，我不得不热情地推销蛋糕给那些监工。他们也很慷慨，很多人都成了我的顾客。而在那里，我意外地看到了萨巴多。他在奴隶的队伍当中挑砖。看到他我非常难过，我给了他一块蛋糕，他狼吞虎咽地吃起来。我不忍心看下去，于是转身就走了。

我又一次想起了梅吉多的话。在城墙边工作，无论你多努力，多勤劳，也不会有任何改变，最终只能悲惨地死去。如果萨巴多早明白这点，又怎么会这样呢？这让我对梅吉多的话更加信服。工作是你的朋友，这是世上最有哲理的话。

"一天，我又和你爷爷在一起聊天。他问我说：'萨鲁，你那么努力地工作，是为了什么？'我告诉他梅吉多曾经说过的话，以及之后我自己对这句话的体会。最后，我对你爷爷说：'我要用我自己的钱来重获自由。'

"你爷爷又问我说：'那么，等到重新得到自由之后，你想做些什么呢？或者说，你自己未来有什么计划？'

"我回答他说：'我会去做生意，做一个受人尊敬的富人，摆脱没有自由的命运。'

"他停了一下，然后偷偷地告诉我说：'其实我一直没有告诉你，那就是，我也是一个奴隶，我和我的主人一同做生意。'这让我很意外，我想你也一样。"

哈丹粗鲁地打断了萨鲁的话，气愤地抗议说："住口！我爷爷已经不在人世了，你不可以用谎言来诋毁他！他怎么会是一个奴隶呢？这不可能！请你不要侮辱一个去世的人！"哈丹一脸的愤怒，显然他不能接受萨鲁的话。

萨鲁并没有理会哈丹，他淡淡地回答说："我很敬佩你爷爷，他是一个杰出的人，从自己的苦难中走出来，取得了出色

成的就。我说的话是真的，是你爷爷亲口告诉我的。作为他的孙子，你应该有勇气来接受这个事实。还是说，你宁愿活在你自己的想象当中？"

哈丹没有再发火。他坐直了身子，强压着怒火说道："我爷爷是个受到别人尊重和敬爱的人。他一生做了许多好事。比如叙利亚饥荒之时，他花费了很多钱买粮食救济那些灾民，救活了无数的人。可是现在你却诋毁他的名声，侮辱他是一个低贱的奴隶，这是对我爷爷的污蔑！"

萨鲁回答道："我没有侮辱他的意思，只是述说事实。他原本是一个奴隶，如果他甘心继续这样下去，他自然会受人唾弃。但是他没有。他用自己的勤劳工作换来了荣誉、地位和财富，这让他得到了别人的尊重。你爷爷之所以去了大马士革，就是因为那里的人不知道他曾经是奴隶。"

没等哈丹再说话，萨鲁又接着他刚才的故事说了下去："他告诉我他是奴隶，又对我说，他很渴望自由，毕竟已经有了足够的钱赎回自己。可是问题在于，他并不知道获得自由之后他应该去做什么，为此他一直很困惑。他害怕自由之后会失去主人的支持，万一生意失败，他就会一无所有。因此他依旧选择了做奴隶。这并不可耻。决定一个人地位的，首先是财富。如果你有钱，那么即便你是个奴隶，也会得到别人的尊重。

"我不理解你爷爷在害怕些什么。因此我对他说：'不要害怕，也不要再去依靠主人了，做个自由人吧，自己去寻找机会获得成功！给你自己制订一些目标，然后努力工作去完成它，就是这样！'听完这话，你爷爷很高兴，他满意地离开了。这之后的事很明显了，他用钱赎回了自由，开始做生意，并且越来越成功。

"接下来插一段话，来说说当初我们四个一起的奴隶中的最后一个——海盗。一天，我去城门那里推销蛋糕，意外地发现许多人围在那里。我很好奇，就问发生了什么事。一个人回答说："你不知道吗？有个奴隶杀死了国王的一个卫兵想要逃跑，结果被抓住了，将要被执行鞭笞之刑。行刑的地点就在这里，一会儿国王会亲自来监看。'我没有挤进去看个究竟，我害怕蛋糕被挤坏了。于是我爬上了城墙，远远地看着刑场。我的位置很好，看到了国王本人。这是我见过的最华丽的出场：龙袍十分华贵，闪着金光，就连国王的车子都是金的。这让人觉得，拥有财富是一件值得骄傲的事情。

"站在城墙上，我听到了奴隶的惨叫，还看见国王在观看行刑的过程中，不时和身边的贵族们聊天，十分开心。我简直不敢相信。到了此时我终于明白，为什么他会那样残酷地对待修城墙的奴隶。他仅仅是为了维护他和少数富人的利益。

"那个奴隶死后，尸体被高高挂着，作为警示让人们看。我好奇地上前去看，这才惊讶地发现，这个奴隶胸口上的纹身，是当时水手流行的。我意识到这就是海盗。海盗因为不服从于主人被打死了。我很难过，如果他能够努力踏实地工作的话，他的命运本来不该是这样的。但是现在已经晚了，他已经上到了天国，带着愤怒和怨恨。当初我们一起工作的四个奴隶，我和梅吉多因为努力工作而变得幸运，而海盗和萨巴多最终却悲惨地离开了。

"再次见到你爷爷的时候，他已经焕然一新。他热情地和我打招呼，说：'我已经变成自由人了！你的话让我获得了重生，我的生意现在一天比一天好。我还有了妻子，她是我主人的侄

女。我们准备搬到其他的城市去生活，这样我就可以彻底摆脱奴隶的阴影。现在，工作是我最好的朋友，我对工作也越来越有信心了。'

"他因为我的鼓励而获得了新的生活，这让我很高兴。然而我的生活却又有了变化。一天晚上，斯瓦斯蒂面带忧色地跑来找我，对我说：'我很担心，主人遇到了一个大麻烦。他在赌场上输了很多钱，欠了农夫们很多钱，还有了很多债主。这些人恐吓了主人，要他尽快还钱。'

"我没有从中想到太深远的东西，就很随意地回答道：'你担心什么呢？我们也没有权利对他做什么啊？'

"斯瓦斯蒂生气地骂道：'你这个傻瓜，你忘了吗？你是奴隶，是主人的财产。如果主人没有钱付的话，按照法律的规定，你会被拿去抵债的。唉，主人怎么会惹上这样的麻烦呢？'

"斯瓦斯蒂的担忧很快就变成了现实。第二天上午，正当我在做面包的时候，主人的债主来了，并且带来了一个名叫撒西的人。他仔细打量了我一番，然后对债主说，生意可以成交了。

"我还没有见到主人，就匆匆地跟着撒西上路了，甚至来不及换一件衣服。穿着那件破旧的袍子，我又踏上了新的道路。

"这真是一个讽刺，赌场又一次成为了我命运的决定者。我好像从天堂掉到了地狱，为自己赎身的梦想破碎了。

"命运的旋涡再一次将我卷入其中。我的未来又陷入了一片茫然，唯一让我相信的只有一条，只要我努力地工作，那么我的命运就依然掌握在我的手里。带着这样的想法，我离开了面包铺。"

辛勤工作才能致富

"撒西是一个愚蠢的人，和他的对话，让我的希望几乎破灭。我告诉他，我如何为纳奈德努力工作，同样，我也会努力为他工作。然而撒西对此没有任何反应。他说：'主人只是让我尽量多买一些奴隶，尽快完成国王交代的修筑大运河的任务。问题是，如此大的工程，怎么可能在短时间内完成呢？'

"想象一下吧，一片没有人烟的沙漠里，在严酷的烈日照射下，奴隶们站成一排，从早到晚不停地干活。他们从壕沟中把泥土全部都挖出来，再挑到岸上去。

"奴隶们的食物被放进一个细长的槽里，我们就像猪一样进食。除此之外，我们没有睡觉的地方，晚上就直接睡在沙漠里。你可以想象这是怎样的工作环境。为了保险起见，我把自己的存款埋在了地里，并且做了个记号，防止以后找不到。

"最初我对工作还十分热情，努力地投入其中。然而过了一段时间之后，我的精神几乎崩溃。本来我的身体就很瘦弱，加上中暑，不但什么都吃不下，夜里还难以入眠。

"我因此想到了萨巴多的话：装出认真工作的样子，避免把自己的腰累断。然而即便这时，我还是对他的这个说法持保留意见，我不认为这是个好的解决方法。

"我又想到了海盗。我是否应该效仿他，去反抗这种生活

呢？然而，想到他被鞭笞的痛苦，以及他所发出的惨叫，我又觉得这是行不通的。

"最后我想到了梅吉多，想到了他因为工作而得到的快乐和幸福，我知道这才是最佳的解决方式。

"我认为，我和梅吉多一样热爱工作，我甚至比他更加拼命。可是为什么我们一样勤劳，梅吉多得到了幸福，而我只能在痛苦中挣扎呢？难道神真的不愿意眷顾我吗？难道我真的只能在这个荒凉的地方生活下去吗？我真的永远没办法得到我所渴望的幸福吗？问题如同泉水一样涌出来，然而我却始终找不到答案，我一直被困惑和苦恼所围绕着。

"又过去了几天，我就快坚持不下去了，然而问题的答案却还没有找到。就在我快要绝望的时候，突然有一天，撒西来找我，告诉我一个好消息：有一个主人派人来接我回巴比伦城。我兴奋得无法言语，立刻把我埋下的钱挖了出来，跟着来人回巴比伦了。

"在回去的路上，我一直在想象着我的人生。它就像是一片树叶一样，被风吹得四处摇摆。这让我想到了故乡的一首歌谣：

厄运啊，就像是一场飓风，

它带着暴雨而来，卷起人们离去，

没人能够紧跟它的脚步，

也没有人能预见到结果如何。

"难道我遭受这样的厄运是注定的吗？未来还有多少厄运在远处等着我呢？我已经不知道如何去面对未来了。我到底通过勤劳的工作得到些什么呢？莫非这样的厄运，就是我理应得到的结果吗？

"然而这些想法在我到达主人家的时候，全部都烟消云散了。当我看到主人时，我愣住了。原来那个将我带回巴比伦的主人就是你的爷爷阿拉德。他笑着走上来，接过了我的行李，并且紧紧拥抱了我。

"你爷爷拒绝了我按奴隶的规矩来对他的做法。他亲切地搂着我的肩膀，对我说道：'我一直在找你，可是这么久了，一直没有你的消息。就在我要绝望的时候，斯瓦斯蒂跑来告诉我，你被主人拿去抵债了，并且告诉我带走你的那个人的名字。我找到了你的主人，费了半天劲讨价还价，才把你赎回来。虽然花了不少钱，但我觉得很值。因为你的价值观和你对人生的态度帮助我获得了今天的成就！有你这样的朋友我很自豪！'

"我插嘴道：'那不是我的感悟，是梅吉多的。'

"他笑着说道：'那是你们两个人的。我感谢你们。我准备迁居到大马士革去了，我希望你能够成为我的生意伙伴，以一个自由人的身份。'说完，他从袖子里拿出一块泥板，上面刻着我的名字。这象征着我作为奴隶的身份。他将泥板重重地摔在地上，摔成了碎片。接着他又在上面踩了一脚，破碎的泥板彻底化入尘土之中。我的命运在这一刻彻底改变了，这都是你爷爷赐予我的。在我的心目当中，他比任何神灵都更值得敬重！

"我的眼中充满了泪水，那是感激的泪水。我终于明白了，我才是整个巴比伦城最幸运的人！

"我又想起了梅吉多的话。在我感觉最痛苦的时候，工作

成了我最好的朋友，我逃脱了悲惨的命运，也赢得了你爷爷这样一个朋友的信赖，最后辛勤工作救了我，让我成了你爷爷的生意伙伴。"

哈丹听到这里，非常好奇地问道："这样说来，我爷爷之所以能致富，就是因为辛勤工作？"

萨鲁正色道："不错！从我第一次见到你爷爷开始，我就认为他赚钱的秘诀，就是因为勤劳和努力！你爷爷不但勤奋，而且始终在享受工作，这让他获得了诸神慷慨的回报！"

哈丹像是被点醒了。他说："我明白了，爷爷之所以成功，是因为他努力工作，并且因此而吸引了很多人和他一起合作，在他人的帮助下，他获得了成功，并赢得了荣誉，得到了别人的敬重。辛勤工作让他获得了一切。我以前真是太无知了。"

萨鲁感叹地说道："人生当中，值得我们享受的事情有很多，也很必要。但是工作并不只是奴隶的享受，它同样是我的人生乐趣。我同样拥有其他很多的享受，但是到目前为止，努力工作带给我的满足感依旧是无法取代的。"

说话之间，萨鲁和哈丹穿过了巴比伦城巨大的铜门。卫兵们见到萨鲁，立刻站直了身子向萨鲁致敬。萨鲁自豪地带着商队进入了城内，向街市走去。

哈丹在萨鲁的耳边低声说道："谢谢你今天告诉了我，我爷爷究竟是怎样的人物。一直以来，成为他那样杰出的人都是我的梦想，现在我的决心更加坚定。从今天开始，我一生都会像我爷爷那样辛勤工作，这比戴任何珠宝和穿华贵的衣服都更能彰显我的身份。"

说着，哈丹将自己的珠宝全部从身上取了下来，然后怀着激动的心情跟随萨鲁向前走去。

　　故事到这里就结束了，之后的事情可以想象，曾经耽于享乐的哈丹凭着爷爷的成功秘诀，很快获得了成功，成为一个杰出的人。他不但继承了阿拉德的财富，更加继承了他努力工作的品质。

第二章　财富和运气的秘密——用勤劳工作去换取财富

第三章

理财的秘密——让你的财产安全增长

你需要谨记一件事情：当你借钱给别人的时候，你要确定你的钱是否能够回来。利用安全的投资去赚取收益，你才能让财富获得增值。

金钱带来的烦恼

作为巴比伦最出色的矛头工匠，罗丹此刻内心的雀跃是毋庸置疑的。就在刚才，他刚刚完成了一笔生意——将自己设计制造的矛头交付给了国王。国王很喜欢他的设计，赏赐了他五十块黄金！罗丹做了一辈子工匠，还从来没有见过如此多的钱！走在皇宫外的大道上，他恨不得跳起来。很显然，对于每个人来说，拥有大量的金钱都会让你感到快乐，罗丹也同样如此。

直到现在，罗丹还不敢相信这一切真的发生过。听着黄金在自己的口袋里叮当作响，他开始幻想着豪宅、大片的土地、广阔的牧场……一切他想要的东西，现在都可以拥有了！他内心的喜悦满得快要溢出来。对了，先告诉姐姐这件喜事吧。罗丹想。

罗丹的脑子里已经被这些黄金填满了。然而当他走在去姐姐家的路上时，问题开始浮现：这笔钱到底应该怎样去用呢？他有些茫然。毕竟，这是他第一次手握如此多的金钱啊！

接下来的几天里，罗丹的兴奋渐渐被烦恼取代了。他不知道到底该如何去花这笔钱。一些莫名的困惑打扰着他，让罗丹有些不知所措了。

无奈之下，罗丹决定去向专业人士请教。带着这种想法，他走进了借贷商人马松的钱庄。马松的店铺里十分漂亮，各色的珠宝和丝织品到处可见，但罗丹看也没看，直接走进了最里面的房间。此刻马松正斜躺在椅子上享受美食。

罗丹不知如何开口，仔细想了一下才说道："马松先生，我遇到了麻烦，不知道到底应该怎么处理。我来这里，就是想让你帮帮我。"

听完罗丹的话，马松消瘦的脸上露出了一丝笑容："天啊，咱们认识这么多年了，你还是第一次来这里找我。让我想想，你究竟做了什么事？在赌场里输了钱？还是，你看上了哪位漂亮姑娘？嗯，我敢肯定是个大问题。"

罗丹连连摆手："不，不是这些。我不是来借钱的，我只是想来这里得到一些忠告。"

"什么？我的耳朵没有毛病吧！怎么会有人来找一个借贷商人寻求忠告？"

"不，我是认真的！"罗丹认真地说道，对于马松的误会，他显得有些着急。

"真是如此？天啊，你在背后做了些什么让人见不得的事情？你来到这里找我，不是为了借钱，而是为了让我给你忠告。我这里来过很多人，他们当中的很多都做了让人难以接受的事情，不过从来没有人想听我的忠告。嗯，你算来对了，事实上，有什么人比我们这些见过太多事情的借贷商人更有资格给别人忠告呢？"

马松接着说道："来吧罗丹，作为客人，在我这里吃顿晚饭吧！"他对着奴隶吩咐道："安拉，去给我的朋友罗丹铺一条毯子，再拿些好吃的来，还有酒，我要和他痛痛快快地吃一顿！"

不要做愚蠢的帮人者

马松问道："好了，现在请你告诉我吧，到底是什么事情让你这样心烦？"

罗丹回答说："很简单，国王送给了我一份礼物。"

"就是这个？国王送给你什么礼物了？这个礼物给你带来了什么麻烦？"

罗丹回答说："国王让我给皇家卫队设计矛头，最后的成品他很欣赏，于是他给了我五十块黄金，这给我带来了麻烦。"

他停了一下，接着说道："这几天，我的朋友和亲戚们都来找我，让我分一些黄金给他们。"

马松点点头说："这是当然的。没有人不想拥有黄金，问题是并不是每个人都可以得到。正因为如此，当身边有人得到的时候，周围的人们自然希望能够从中得到一些好处。可是，你有权利说不，那是你自己的劳动成果。难道你看不住属于自己的黄金？"

"我能看住黄金，也可以跟别人说不，可是问题是有的时候点头比摇头容易。我不能为了金钱六亲不认，比如我的姐姐，她对我那样好，我难道不跟她分享黄金吗？"

"这自然是对的。不过你的姐姐也不会想要剥夺你独享黄金的权利吧？"

"她想要分享黄金，因为她的丈夫阿拉曼。阿拉曼希望成为一个受人尊敬的富人，可是他没有足够的黄金来做生意。这一次他有了机会。姐姐为此请求我借一些黄金给阿拉曼去做生意，并且说将来赚钱了会给我分成。可是这让我很为难。因为在我看来，我姐夫并不是一块做生意的材料。"

马松没有接话，而是陷入了思考当中。过了一会儿，他才开口说道：

"亲爱的罗丹，你提出了一个值得讨论的问题。当你拥有了黄金的时候，你的身份和地位也发生了变化。当然和其他人一样的是，你也会害怕失去它。黄金在为我们带来致富的机会时，也会给我们带来困扰。归根结底的原因，是因为你不知道应该怎样去处理你的金钱。

"你听说过在尼尼微有一个能够听懂动物对话的农夫吗？这个故事能够告诉你一个道理：借钱并不只是把你手上的黄金放到别人的手里而已。要让你借出的钱有价值，就像我所做的事情一样。

"言归正传，先说这个故事。据说在尼尼微有一个农夫能听懂动物们之间的对话，因此，每天到了傍晚的时候，他要去农场，偷偷听听看动物们在说什么。有一天，他听到了一头牛和驴子之间的对话。牛对驴子抱怨说：'驴子啊，你看我多么辛苦啊。每天我都从早工作到晚，不管天有多热，我有多累，我还是要继续工作下去。可是你呢？你一直都那么优哉游哉，每天在背上挂上一些毯子，然后驮着主人出门，就这样而已。而且，当他不出门的时候，你还可以悠闲地休息，舒服地吃鲜嫩的青草。我多羡慕你，多希望能和你一样生活啊！'

"尽管驴子对牛的说法并不赞成，但它还是很同情牛的遭

遇，一直以来，牛和它关系也不错。于是它给牛出了个主意说：'我有一个办法，可以让你享受一天不用干活的日子。明天早上主人要让你去地里干活时，你就痛苦地叫，并且躺在地上，怎样也不起来。这样一来，主人就会以为你生了病，你就可以悠闲地过一天了。'

"到了第二天早上，牛就照着驴子说的方法做了。奴隶只好去对主人说，牛好像生了病，没有办法去干活。主人就对奴隶说：'没办法了，那就让驴子代替牛去工作吧。'

"驴子这才发现，自己出主意去帮助朋友，结果却成为了受害者。很显然，驴子完全没有办法胜任田地里的工作。这样劳累了一天，驴子不但腿麻木了，而且脖子也肿了，这让它不由得有些后悔了。自己出了个主意帮别人，结果反而害了自己。

"晚上农夫又去农场听它们说些什么。

"牛先说话了：'亲爱的驴子，真是谢谢你了，不愧是我的好朋友。我用了你告诉我的方法，结果我不但休息了一天，而且还有鲜嫩的青草吃。这真是美好的生活啊，如果能够每天都这样就好了。'听完牛的话，驴子很气愤地说道：'你过了一天悠闲的日子，可是我却因此代替你承受了痛苦。不过你的想法是不现实的，因为主人已经说了，如果你明天还是生病不能工作的话，那么你就会进屠宰场了。我很赞同主人将你卖掉的想法，因为你是如此之懒，留着也没有什么用处，对我来说，有一个像你这样的朋友实在是一种耻辱。'牛没有反驳驴子的话，显然它也觉得有些不好意思，因为自己的享受，害得朋友受了伤。但是同时它也觉得很气愤，心想：你不过是帮了我一次而已，就后悔成这样，跟我大发脾气，这样也算得上是朋友吗？

"在这样一件事发生之后，牛和驴子不但不再说话，而且也不再是朋友了。罗丹，你能够告诉我，从这个故事里，你得出了什么道理吗？"

罗丹回答说："故事的确很有趣，但是这里面有什么道理，我没有听出来。抱歉，我不明白你想说什么，我没看到这其中有什么对我有帮助的内容。"

"你也许没有听出来，这很正常，很多人也没有明白这当中的道理。这个故事当中有个很简单的道理，就是当你的朋友需要帮助的时候，你可以去帮助他，但是不要把他的负担变成你自己的负担。"

"真的，我的确没有看到这点。看来这的确是个很不错的故事。我明白你的意思了，我的姐夫所应该承担的责任，不应该让我来承担。不过我还有一个问题不明白，你借了很多黄金给别人，如果那些人不能够及时偿还借贷怎么办？"

马松显然对这个问题并不担心，他微微一笑，回答道："的确，这对于一个借贷商人来说是生死攸关的重要问题。做一个黄金借贷商人一定要精明，要善于判断借贷者的情况，从而预测最后这笔钱是不是能够收得回来。当然，没有绝对有把握的事情，借贷者因为做生意失败导致没钱还债的情况也出现过。这样吧，我带你去我的库房看一看，看完那里面的东西，你就会明白借贷商人是怎样避免这种情况出现的了。"

如何让借贷更安全

在马松的带领下，罗丹跟他一起进入了库房。马松取出了一个四方形的箱子，箱子上包着一层红色的猪皮，四个边上都镶有铜片。马松蹲下来，将箱子打开了。

马松把箱子给罗丹看，并且告诉他说："只要是来我这里借黄金的人，必须要留下一些东西作为抵押，等到他们还清了欠款的时候才能够拿走。那些不能够取走抵押品的人留下的这些东西告诉我，到底不能将黄金借给哪些人。

"这个箱子里的东西告诉我，借贷黄金给别人，最安全的方法就是，把钱借给那些本身的财富比所借的钱要多的人。这些人有土地、珠宝，以及其他一些有价值的东西，当他们没有能力还钱的时候，他们可以变卖这些财产来偿还。有的时候，有人会拿一些超过他要借的黄金价值的东西来抵押。还有的人不能偿还贷款的时候，会拿自己的房产来变卖偿还。你应该相信这些人，并积极和他们做生意，因为我有充分的把握，从他们那里我可以收回我的黄金，他们抵押的物品价值，远远超过了我的黄金。

"有赚钱能力的人，也可以借钱给他们。这些人拥有稳定的收入，通常情况下，他们都很老实，为人很诚恳。所以我相信这些人能够偿还我的黄金。做出这样的借贷，我是按照借款人赚钱的能力来计算的。

"最后还有一种人，他们既没有财产，也没有固定的收入来源。对于这样的人，即便他们手上没有钱，我也还是会借钱给他们。但是借钱有一个条件，就是他们必须要找到一个相信他们人格的朋友作为担保人，不然的话，我很有可能会亏损。"

马松一边说着，一边打开了箱子。罗丹探着头，好奇地想看看箱子里到底有些什么。

在箱子最上面的是一串项链。马松把项链拿起来，说道："这条项链的主人现在已经不在人世了。他是我的朋友以及生意伙伴，和他一起工作让我获得了巨大的成功。后来他结婚了，对方是一个美丽的东方女子。为了满足她的要求，朋友开始为她买各种各样的东西，让她尽情地挥霍自己辛苦赚来的钱，以此来表达自己对她的无限喜爱。但是金钱总有用尽的时候，当他的钱被他的妻子花费一空后，他跑来找我借贷。我耐心地和他聊天，希望帮助他重新获得财富。他也向我发誓一定会重新来过。可惜的是，因为没钱，他和妻子发生了一次争吵，结果被妻子刺穿了心脏，就这样去世了。"

罗丹急忙追问道："那后来他的妻子怎样了？"

马松将摆放项链的红布拿起来，缓慢地说道："这是她妻子留下来的。错手杀死丈夫之后，她很痛苦，最终跳入幼发拉底河自杀了。当然，他们欠我的那两笔贷款就没有办法再偿还了。这个抵押品告诉我的是，当你把黄金借给那些正处在负面的苦闷情绪当中的人时，这是非常危险的。所以那之后，每当遇到别人愁眉苦脸地来找我借黄金，我就立刻拒绝，我不想让朋友的那一幕惨剧再度上演。"

接下来，马松拿起一个牛骨雕刻，说道："这件抵押品的主人是一个农夫。这是他的信物。他的妻子是卖地毯的，我是她的

老主顾。一次蝗虫灾害之后，他们甚至没有饭吃，于是就来找我借黄金。后来这个农夫又来了一次，他听说远地的山羊羊毛质量非常好，用这样的羊毛编织出的地毯非常柔软。他想要去买一些远地的山羊，我又第二次借了钱给他。

"现在他已经拥有了羊群，并开始放牧了，用不了多久，他的地毯就能够出现在巴比伦，成为贵族们的一种时尚。所以很快我就可以将这个还给他了。"

罗丹又问道："那么，有来借钱的人却没有抵押品的吗？"

马松回答说："要看是为了什么。如果他们借钱的目的是为了赚得更多的钱，那么我觉得也可以。但是如果他们只是为了用这些钱去做一些无聊而荒唐的事情，那么千万不要借钱给他们，否则你一定收不回那些钱，这是保证你的金钱安全最重要的。"

罗丹看了看箱子，发现了一个镶着各色珠宝的手镯，立刻拿起来说："那么这只手镯呢，里面又有什么样的故事？"

马松笑着调侃道："嗯？原来你对女人有兴趣啊！"

罗丹笑着回答道："不，和你相比我差得太远了。"

马松笑着说回了正题："你想不到吧，这个手镯属于一个脸上满是皱纹的老太太。她说话总是很啰唆，而且要命的是，你根本听不懂她想要说些什么。一见到她我就很头疼。她曾经很富有，可是后来穷了。因此她很希望自己的儿子能够有所表现，希望他成为一个年轻的富翁。为了实现这一点，她跑来跟我借黄金，想要用这笔钱让她的儿子去沙漠里跟着商队做一些生意。

"可惜的是最后事与愿违。和她儿子一起合作的那些人是一帮强盗，他们趁着她儿子夜里睡着之后将他的钱都拿走了，并且把他丢在了一个陌生的地方。很显然，他没有一分钱来还贷了。我没有太在意，想的是将来等这个年轻人成熟一些并且做成了一点生意的时候，他就会把钱还给我。但是到现在，除了听见他母亲时常唠叨的废话以外，我还没有见到她有任何一点还钱的意思。不过好在我并没有损失，这个手镯的价值远远超过了我的黄金。如果我出现了资金周转的问题，那么我完全可以将它卖掉。"

"那个老太太没有要求你给他一些忠告吗？"

马松无奈地耸耸肩说："没有。她的心思都在她儿子的身上，任何人不能表达一点和她不同的意见，否则就会遭到她的谩骂。话说回来，在她借贷的时候我就已经预见到了，她的儿子太年轻，而且没有任何经验，出事是可以想象的。不过我没法拒绝她，因为她是担保人，而且还有抵押品。"

说完，马松指着一捆打了结的绳子说："这是骆驼商人那巴图的。有一次他想要去购买骆驼，可是手上没有足够的资金，于是就拿绳子作抵押，借了一些资金。作为一个精明的商人，他的判断力很让我欣赏，所以我很放心地将钱借给了他。不只是他，对在巴比伦做生意的商人我都很有信心。他们为人很诚实，也讲信用。我这里曾经有很多他们的抵押品，但是通常都不会放太长的时间。对我来说，这些杰出的商人们是属于巴比伦的宝贵财产，因此，我在帮助他们的同时，也为了巴比伦的繁荣作出了贡献。"

接下来马松从箱子里拿出了一个用绿松石刻成的甲虫，看了一眼，又不屑地扔了回去，说道："抵押这个埃及臭虫的，是一个来自埃及的年轻人。他从来不在乎是不是能够将欠款还清。我曾经向他讨要过，可是他总是说：'我的运气一直都很

不好，没有办法还钱给你。这个抵押品真正的物主是我父亲，他拥有很多土地，放心吧，他一定会支持他儿子的。'刚开始他的生意做得不错，可是他过于追求成果，相对应地，他的经验和能力都有欠缺，失败可以预料。我的黄金当然也没有办法收回来。这是一个教训，告诉我以后遇到年轻人来借贷时，我必须要慎重地考虑。"

不要让你的金钱承担风险

马松沉默了一下，然后感慨地说道："在今天，很多年轻人都有着很大的野心，他们希望能够找到一条捷径，并通过它尽快获得财富。为了追求速度，他们不惜用借债的方式。然而问题是，他们没有足够的经验，而且不懂得当债务没有办法偿还时，就会像一个旋涡一样，让人陷进去无法自拔。很多人一直在挣扎，却始终不能脱身，就是因为这个原因。这个旋涡会让他们痛苦。当然，我并不反对年轻人借债，相反，我鼓励他们这样做。我自己第一次在生意上取得成功，资金就是借债换来的。所以将钱用在刀刃上，这很重要。"

他接着说道："当那些年轻人来借债的时候，借贷商人应该如何做呢？通常来说，来借贷的年轻人都是没有成就的，他们没有能力偿还贷款。可是我又不忍心让他们的长辈用自己的财产来抵债。"

罗丹打断了马松的话，说道："你的故事都很不错，可是这些还是不能解决我的问题。我没有听懂这些对我有什么直接的帮助。我的问题是，如果我的姐夫来找我借黄金的话，我到底应不应该借给他？毕竟这笔钱对我而言十分重要。"

马松显得很有把握地说："你姐姐值得信赖，我很敬重她。如果你姐夫来找我借黄金的话，我首先会问他借黄金的用途。

"如果他回答说想做一个商人，从事珠宝等物品的买卖，我会进一步问他对所从事的行业了解多少，有多少经验，能否找到买价最低的地方，又是不是知道在哪里这些东西可以卖出好价钱。据你了解，他能够回答这些问题吗？"

罗丹摇摇头说："我敢说他肯定不知道，也没有过类似的经验。他帮我做过矛头，也在其他的店里帮过忙，可是他没有从商的能力，将黄金交给他，我怕很难再要回来。对我来说，这将是一个极大的打击。"

"如果是这样，我会告诉他，他借钱的目的并不明智。做商人一定要了解某一个行业，对一切细节都有仔细的认识。虽然说我很欣赏他有这样的野心，但是显然这不符合实际，因此我不会借钱给他的。

"如果他回答说：'我以前做过类似的工作，知道如何在伊什麦获得低价的地毯，同时，在巴比伦我认识很多富翁，可以用很好的价格将东西卖给他们。'这样的话，我就会告诉他：'你的目的很明确，而且计划也很出色。如果你能够用抵押品保证可以准时偿还黄金给我的话，我很愿意将黄金借给你。'如果他回答说：'我只有用诚信担保，而没有任何东西可以作抵押，不过你放心，利息我肯定会付给你。'那么我就会告诉他说：'你应该知道，我很珍惜每一块黄金，如果你出现了什么问题的话，比如遇到了强盗之类，我就将失去我的黄金。而你没有抵押品，也

无法保证我收回利益。'"

马松一脸认真地说道:"你应该记住,罗丹,黄金就是信贷商人的商品。借出黄金是一个很简单的事情,但是如果你不明智地将它借出去,那么最后你肯定难以将它收回来。对于任何一个聪明人来说,随便把自己的钱借给别人都是冒险的,除非对方有抵押品作为担保,同时有保证偿还债务的诚信。"

他接着说道:"想要帮助那些处在困难当中的人,是一件好事。那些不幸的人、在创业的艰难中挣扎的人都需要我们的帮助。但是在任何时候,帮助别人都需要有清醒的头脑,防止自己像农场里那头愚蠢的驴子一样,为了帮助别人而让自己背负了别人应该承担的负担。记住,对自己有害而无利的事情,千万不要去做,否则你不但会失去黄金,还可能会失去你的朋友。

"哦,抱歉,我又把话题扯远了。不过你要记住我给你的答案:努力守住属于你的黄金。那是你自己赚来的,是你应该得到的报酬,任何人都没有权利和你一起分享这些黄金,除非是你自己愿意。如果你想要赚到更多,并且想让它生出更多的利息的话,那么一定要谨慎一点。最好是将它分散地借给好几个人,这样你的风险就会降低。虽然作为一个借贷商人,我并不愿意让自己的黄金闲在那里,可是我更不愿意让它冒太大风险。"

马松顿了一下,突然问罗丹说:"罗丹,你做矛头工匠几年了?"

"已经三年了。"

"那么,除了这次国王赏赐给你的五十块,你还有多少黄金?"

"三块。"

"看吧，你辛苦了三年，才攒下了三块，这就是说攒够五十块黄金，你需要工作五十年的时间，那就是一辈子的时间啊。

"想想吧，你姐姐显然只考虑到了她的丈夫需要钱做生意，而没有想到他拿去冒险的黄金需要你攒五十年时间，她很糊涂，对吧？"

"的确如此。可是，我还是不知道怎么样跟我姐姐开口。"

"你去找她，然后这样告诉她：'这三年的时间里，除了斋戒日以外，我每天都在辛勤地工作，省吃俭用地生活，舍不得买任何我梦想拥有的东西。就是这样，我才攒下了三块黄金。你希望你的丈夫能够成为富人，作为你的弟弟，我同样这样想。可是，我的朋友马松希望听听他详细的计划，这样我才能够借黄金给他用一年的时间，帮助他来成功。'就这样说吧，如果你的姐夫真的有决心和计划的话，他自然会来找我。如果最终他的计划失败了，他将来还要还借的黄金给你。"

小心驶得万年船

马松接着说道："知道我为什么成为一个借贷商人吗，罗丹？是因为我拥有了太多的黄金，单是做生意的话，我已经用不完了。我很希望我那些闲置的黄金能帮助他人致富，同时我也可以从中赚取更多的黄金。但是这些钱都是我辛苦赚来的，为此我也省吃俭用过，所以我绝对不会让它们承担受损失的风险。如果我没有信心收回我借给别人的那些黄金，那么我绝对不会借。而且，如果借债的人没有信用，没有办法很快赚到钱还债的话，我

也不会借给他们。

"好了，关于抵押品的故事，我都已经讲给你听了。这些故事可以告诉你人性的弱点和误区存在的地方。很多人渴望借到钱，但是他们并没有还钱的能力和把握。那些能干的人拥有了黄金之后，他们可以轻易地赚到更多。相反，没有经验、缺乏能力以及那些认识有偏差的人们即便是借债，致富梦想也很难实现。

"现在你拥有属于自己的黄金，你应该用它赚取出更多的钱。你可以像我一样，成为一个黄金借贷商人。谨慎地管理你的黄金吧，它们将给你带来更多利润，让你从今往后的人生快乐而幸福。如果你放任它们流失出去的话，你会为此而感到痛苦和悔恨。"

"你准备怎样去处理你的黄金？"马松提出了另一个话题。

"保管好它们。"罗丹很认真地回答说。

马松赞赏地点点头："不错。首先你要确保你的黄金是安全的。想一想吧，如果是你的姐夫管理它，真的能够保证它的安全吗？"

"恐怕不能。我姐夫并不懂得如何理财，他不适合自己做生意，那样他很难成功。"

"所以，不要被你的同情心弄得自己困扰不堪了，不要将黄金借给他。如果你真的想要帮助他或者是其他朋友的话，那么不如去找其他的方法，而不是拿黄金来冒险。在不懂理财的人手里，它会很快流失掉。这样与其将钱交给他们，还不如自己花掉。保证黄金安全之后，你准备怎么办？"

"用它赚更多的黄金。"罗丹坚决地回答说。

"不错！你的确很有智慧！用你的这些黄金，你可以获得更多。对你来说，如果你能够谨慎地将它借出去的话，那么你很快可以得到一倍以上的回报。但你如果随便借出这些黄金的话，你也会失去赚取它的机会。

"不要去听那些人的荒唐言论，那不现实。感觉自己能够赚钱，这就像是白日梦，没有任何经验和知识的支撑，也没有经商技巧的保证，这不可能实现。不论你对赚钱有多么渴望，你必须首先持有一种保守的态度。看到一些似乎可以获得利润的项目，就简单地将黄金借出去的话，就好像是打开门把它送给强盗们一样。黄金是珍贵的东西，一定要让它们安全地从你的口袋当中出去，同样能够安全地回来。

"再给你个建议吧，尽量多和那些有过成功经验的富翁们打交道，学习他们的智慧和经验，这样你才能够财源滚滚。

"最后，我希望你不要走那些失败者的老路，他们都是将黄金挥霍掉，然后期待诸神再次垂青他们。"

罗丹感到自己豁然开朗了，显然马松这些真诚的忠告让他获益匪浅。

他十分感激地想要谢谢马松，就在这时，马松又说道："我相信你这次一定学到了不少关于理财的知识。如果你想继续拥有这些黄金，那么请格外小心。借钱者们会不断地来诱惑你，并且热心地对你提出关于投资的建议，你会在这个过程中看到很多看上去会赚钱的机会。但是不论如何，请你记住我的抵押品箱子的故事。在你借出钱的时候，保证它能够带着利息重新回到你的口袋。亲爱的朋友，如果你以后再遇到什么问题，尽管来这里找我，我十分乐意帮助你。

"在你离开之前，有一句名言要送给你，它刻在我的抵押品

箱子的底部。对于黄金借贷商人来说，它在任何时候都适用：小心驶得万年船。"

　　夜已经到来了，罗丹感激并依依不舍地告别了马松，今天的这堂理财课让他受益匪浅。马松的那些忠告对他来说比五十块黄金价值更高，同时会一直伴随他的一生，让他受用不尽。

第四章

摆脱贫穷的秘密——让成功人士教你如何理财

为什么有的人可能尽情地享受财富，有的人却只能在贫困中艰难地生活？这种差距是怎样造成的？每一个渴望致富的人，都应该思考这个问题。

穷人的财富美梦

班希尔是巴比伦著名的战车工匠，以制作战车为业。在战争不断的古代巴比伦，这是个让很多人青睐的行业。拥有战车对于人们来说象征着他们的身份和地位，因此班希尔的工作给他带来了很多收入。这也是一个让班希尔困惑的问题。他一直不明白，自己赚的钱都到哪里去了，为什么他凭着自己的才华赢得了众多的收入，却始终没有让他脱离贫困。

此时班希尔正郁闷地坐在矮墙上考虑这个问题。在他的露天作坊里，一辆尚未完工的战车被丢在那里，像是个孤零零的孩子，没有人去理睬。班希尔一点工作的欲望都没有。他想好好地静下来想一想，为什么在制造出了完美的战车之后，他却依旧无法过上幸福的生活。

班希尔的妻子在门口踱着步，时不时向内看一眼，想看看班希尔在做些什么。显然家庭生活对金钱的要求已经很迫切，如果能够尽快把战车做完，卖个好价钱，这样才能够维持生活。班希尔同样意识到这一点了。家里已经没有食物了，也没有钱，如果不尽快工作，那么他们的生活将出现困境。他想尽快投入到工作之中，完成战车的制作并卖给有钱人，暂时解决眼前的问题，不必为生活的温饱而发愁。

虽然班希尔在心里这样想，可是他并没有立刻行动，以切实地解决生活的问题。他仍然专注在自己的问题之中，却始终没有得到答案。太阳炙热地照射着，他感觉非常疲惫，坐在那里，完全没有意识到汗水已经滴落下来。远处巴比伦的城墙正在建造当中，发出了轰轰的巨响，然而这些都没有打扰到他，将他拉回到现实当中。他完全投入在问题当中了：为什么我会这么穷呢？

巴比伦城墙距离班希尔的家并不远。顺着城墙走，很快被称作"巴比伦大地之神"的贝尔神殿就出现在眼前了，这是另一个让巴比伦人感到自豪的建筑。

对全世界的人来说，巴比伦是一个富有国家的首都，这里象征着财富。然而富人和穷人的分界在这里依然存在，这在任何一个城市都存在。像班希尔一样居所简陋的人家在这里随处可见，在金碧辉煌的皇宫映衬下，显得越发简陋。在任何城市，这种区别都是如此泾渭分明，对于富人来说这是天堂，而对穷人来说这就是地狱。街道上有呼啸而过的战车，而街道两边站了很多穿鞋的摊贩，还有很多没鞋穿的乞丐。

这就是富人和穷人的鲜明对比，看似不公平，事实上却很公平。穷人之所以贫穷，是因为他们缺少成为富人的智慧。任何财富获得的背后，都需要人们付出自己的努力。所以穷人们受穷，更多是因为他们自身缺乏智慧和努力，在世界上的任何城市都是如此。

尽管见多了这样的情景，班希尔却为此陷入了沉思当中，他更加困惑了："为何像我这样既有智慧又努力的人只是刚刚能够解决温饱的问题，在社会最底层徘徊呢？但是那些富有的人们，却能够每天锦衣玉食，难道他们真的有什么致富的秘诀？"班希尔努力思考着这个问题，完全没有被街道传来的喧闹声影响。他很渴望今早想出答案，以便让自己摆脱贫穷的困扰。

就在这时，一阵美妙的琴声将班希尔从思考中拉了回来。一个人站在了班希尔的面前，这是他的好友乐师科比。按理说这本来是件让人高兴的事情，但是班希尔对此却并没有任何表示。他知道，科比和自己一样是个穷光蛋，他来到这里的目的，要么就是借钱，要么就是吐苦水。

看到班希尔将注意力放到了自己身上，科比立刻上前说道："感谢诸神保佑，你看上去是如此自在。我对此感到高兴，我想现在你的钱袋一定是满的，我今天来，是想向你借两舍克勒（古巴比伦货币），因为今晚我要去参加一个宴会。我保证，只要等到宴会结束，我就将钱送回来。你不会有什么损失的。请你相信我。"

班希尔听完，冷冷地看了科比一眼，说道："如果现在我有两块钱的话，我一定不会借给任何人，包括你在内，我亲爱的朋友。因为那将是我的全部财产。我怎么可能把自己的全部财产借给别人？"

科比惊讶地看着班希尔，问道："什么？你不是有什么问题吧，班希尔？你身无分文，居然还悠闲地坐在这里，无所事事？你为什么不赶快工作，然后换些钱回来？难道你还有别的收入？你变得让我不认识了。你的热情呢？难道你有什么麻烦？现在有什么麻烦如此重要，要让你连工作都放弃了呢？"

班希尔说："我感觉神戏弄了我。昨晚我做了个梦，在梦里我是一个富翁，富可敌国。我随意地将钱撒给穷人，并且买了我想要的一切。我有众多金子可以自由使用，这让我感觉无比幸福。我的妻子也因此而变了一个人，她不但更加年轻了，而且也更加快乐了，脸上都是笑容。多美好的梦啊！可惜这只是个梦！

梦醒了，所有的一切也就没有了……"

科比说："嗯，的确是个让人心动的梦。这是你不快乐的理由吗？就因为这个梦，你就决定不工作了？"

"从梦里醒过来再看看现实，我就感到难过。我的生活处在贫穷的边缘，这让我难过。来，一起讨论一下吧。一直以来你我的情况都差不多。

"小时候我们一起学习，成人之后各做各的行业。我们都很满足于生活，都很努力地工作，可是我们的收入却很快就不见了。这么多年之后，我们却没有任何积蓄。我们在这些年赚了很多钱，可是为什么却从来没有得到过财富？我们难道连享受有钱的感觉也不行吗？

"我们生活在世界上最富有的城市当中，所有人都认为巴比伦是个充满财富的地方，没有任何地方可以和它媲美。这个城市中遍地都是财富，然而我们偏偏却在财富的边缘游走，处在生活的最底层。我们甚至还不如一个普通的农夫，他们有自己的土地，根本不需要担心食物的问题，我们却不得不为了食物而发愁。你看吧，科比，这么多年的辛苦之后，你却没有任何的积蓄，为了参加一个宴会，不得不大老远跑来和我借钱。我能说什么呢？'我的钱包在这里，里面都是金币，你想要多少就拿吧。'我能这样说吗？不能！因为我和你一样，钱包里空无一物。这是为什么呢？这肯定有问题。为什么我们赚了钱只能够勉强生活，却不能让我们变得富有？这不是因为诸神在玩弄我们吗？"

班希尔不等科比回答，继续说道："这是个值得我们去思考的问题。我们还有儿女，我们不能让他们和我们一样，一直在贫

穷的生活中挣扎，他们还要娶妻生子。难道要我们的子孙们也和我们一样，生活在这个到处是财富的城市中，却始终贫穷吗？这难道是神对我们的照顾吗？这是我们应得的结果吗？难道我们不可以努力来改变这种命运吗？"

听完班希尔的话，科比也很困惑地说道："班希尔，和你认识这么多年，这还是你第一次这样说话呢！"

不懂理财必然受穷

班希尔说："嗯，我也是第一次想到这个问题。这么多年，我每天日出而作日落而息，几十年来一直如此。我的工作成果得到了别人的认可，我的勤劳也是有目共睹的。但是我却依然在这里遭受贫穷的困扰，这让我很不甘心。

"我一直渴望着诸神能够眷顾我，但是很显然，我的付出神灵们并没有看到。他们没有让财富降临在我身边，我仍然在忍受贫穷。现在我明白了，我被神遗弃了。拥有财富对我来说太遥远了，我因此而情绪低落。

"我想获得财富，穿华贵的衣服，拥有数不清的财富，可以肆意地挥霍金钱。为了达到这个目的，我默默忍受着工作的辛苦和劳累。我仅仅希望我的付出可以得到应得的回报，这是个简单的要求，不是吗？可是我现在依旧身无长物。幸运之神显然已经忘记了我们的存在。到底我们缺少了什么？难道我们只能在想象中才能拥有那些东西，难道只有那些已经拥有财富的人才能够拥有一切吗？你觉得呢，我的朋友？"

科比说："其实我也很想知道这个问题的答案。没有人会心甘情愿做一辈子穷人，辛苦了一生却什么都没有得到。我靠弹琴得到的钱连基本的生活都不能保障，有时不得不想办法借钱来让家人继续生活。我多渴望我可以拥有一把木琴啊，只有这样我才能弹出最美的曲子。如果我拥有这样一把琴，那么我弹出的曲子绝对是美妙的，连国王也没听过。"

班希尔感慨道："是啊，我相信你如果有了好的乐器，一定可以成为巴比伦最好的乐师，任何曲子都会变得美妙。不但国王会因此而欣喜，神灵也会被你所震撼。问题是我们连解决生活的问题都不能够，怎么能够买一把漂亮的木琴呢？你看那些奴隶，他们挥汗如雨地工作，挑着一大桶水，每走一步都要弓着身子。我们辛勤工作的程度绝对超过了他们，可是我们连吃饭都是问题，他们却从不用担心吃不饱。我们甚至跟奴隶都没有什么区别了，除了我们可以自由地休息以外。想到这里，我都没有干活的力气了。"

科比指着指挥奴隶的军官说道："是啊，为什么我们面对生活会那样糟糕呢？你看那个指挥奴隶的军官，他多气派啊，我真羡慕他那神气十足的样子。为什么我不能像他那样呢？"

班希尔感触道："是啊，那是个杰出的军官。不过在奴隶的队伍当中，也肯定存在着出色的人才。他们每天这样重复地劳动，哪里有什么快乐可言？他们吃不好睡不好，白天热的时候他们一直干活，晚上的时候天气冷了，却连个卧室都没有，就像牲口一样，多可怜啊！

"我们不必可怜他们，其实我们跟他们之间没有不同，唯一不同的是，我们是自由人，能够自由支配自己的时间，但是我们

依然要努力工作，这和他们之间没有任何的区别。我们和他们一样是工作的奴隶，这没有任何值得我们自豪的地方。相比较而言，作为一个自由人，我们难道不应该感到惭愧吗？

"现在想想，事情的确是这样。看到他们，我们不由得为自己感到难过。说真的，我不希望再过奴隶那样艰苦的生活了，除了工作什么都没有。"

向懂得理财的人们请教

科比说道："我有个想法，不知道能不能行不通。我们可以去找那些有理财经验的人，向他们请教如何获取财富。只要我们照着他们所说的方法去做，就应该能够获得财富了。他们能做到的事情，我相信我们同样可以。"

班希尔高兴地说道："你说的不错，我们可以向那些有经验的人们请教。从他们那里，我们肯定能够学习到一些东西，这会让我们获得财富。"

科比说道："我到你这里来的时候遇到了我朋友阿卡德，他正驾驶着一辆金色的战车在街上路过。他看见了我，还笑着和我打招呼。别人看到他和我打招呼，对我也尊敬起来。这是阿卡德和其他的富翁们不同的地方。他很平易近人，并没有因为我是个穷人而对我有任何的怠慢。相反的是，他一直把我当成他的朋友。我们为什么不去拜访一下他呢？"

班希尔点头称是："不错，我们可以去拜访一下阿卡德。他是整个巴比伦城最富有的人，相信去拜访他的话，我们能够从他那里学到很多理财的知识。"

科比回答说："的确，我听人说过他。他是个很富有的人，而且很有知识，就连国王都曾经召见过他，并且向他请教如何管理钱财。有他的指导，我们肯定可以致富。而且他和我的关系很好，我相信，他会非常愿意给我们一些指导的。"

说到这里，班希尔打断了科比的话："亲爱的朋友，阿卡德到底有多少财富呢？我想，如果我在深夜的时候在街道上遇见他，他也会随身带着很多钱吧。"

科比说："不，这是不可能的。一个人拥有多少财富，并不在于他到底有多少钱。当我们去衡量一个人是不是富人的时候，应该去看他能够赚多少钱。如果有这样一个人，他的金子就像是河里的流水一样，取之不尽用之不竭，那么他就是一个富人。阿卡德拥有很多的赚钱的门路，这可以让他的钱包一直处在鼓鼓囊囊的状态，他可以随意地使用钱包里的钱，因为只要有收入，他钱包里的钱是永远不会花完的。"

班希尔兴奋地说道："对，你说得太对了！收入，就是收入。我在心里一直在想着这件事情，有一个能够源源不断收入金钱的来源，这样无论我是在工作还是在休息，我的钱都会像幼发拉底河里的河水一样无穷无尽。很显然，阿卡德肯定有这样的方法来获得稳定的收入。只是，我的脑子很慢，不知道他是不是愿意指导我管理金钱的知识呢？"

科比回答说："我可以肯定，他获得财富的秘诀已经告诉了他的儿子诺玛希尔了。有一次我去酒馆，结果听说阿卡德的儿子诺玛希尔去了尼尼微城，变成了当地最富有的人。要知道，那里是亚述的首都，诺玛希尔居然在没有阿卡德帮助的情况下获得了

如此大的成功，这足以说明他从阿卡德那些得到了一些忠告和建议，也看得出来，阿卡德致富的方法是多么神奇。我相信，如果我们去找他的话，一定可以从他那里得到一些珍贵的知识，一些比黄金更加宝贵的知识。"

科比的话让班希尔欣喜若狂："科比，我突然在脑子里闪出了一个极好的想法，我们可以从你的朋友阿卡德那里得到一些致富的忠告以及秘诀。这不需要花费任何钱财，而且对于那些向他请教的人来说，他从来都不会吝啬教导他们，而且会给人们很多理财的建议。尽管这样并不能够帮助我们立刻获得金钱，但是这并不是最重要的，只要我们能够从他传授给我们的知识当中获得启示，我们将很快获得财富，成为一个有钱的人。我们有着对财富的强烈渴望，阿卡德会因此而愿意给我们以指导。这真是再好不过的事情了。走吧，我们现在就去找阿卡德，向他请教并学习如何能够源源不断地获得金钱。"

"班希尔，我的朋友，我很高兴看到你如此兴奋的模样。你今天所说的话让我也获得了很多新的启发，我到了这个时候才发现，原来我们并没有真正探寻过可以发财的途径，我们因此而贫穷。以前我们除了工作，从来没有仔细想过类似的问题。你全心地投入到战车的制作当中，并且努力地去赚钱，在这一点上，你绝对称得上是整个巴比伦城最优秀的；而我也同样如此，为了成为一个优秀的乐师，我付出了众多的努力，并且取得了一定的成功。在各自的领域里，我们都努力过，并且都取得了出色的结果。我相信，神一定会愿意帮助我们这些勤奋的人，我们会在神灵的帮助之下获得成功。我们现在看到了一缕充满希望的阳光，它将带领着我们在世界上寻找到更多的美好。我们将会在这其中学习到众多的知识，再加上我们为此所付出的努力，我相信我们梦想成真的时候就快到来了。"

班希尔迫不及待地说："那现在就出发吧，我已经迫不及待了。走吧，我们去找阿卡德。之后我们还要叫上那些跟我们的处境相同的朋友们也去拜访他，一起分享他获得财富的智慧。"

"我为你感到骄傲，班希尔，不管遇到怎样的好事时，你总是会想到身边的朋友，这是为什么你能够赢得众多友谊的原因所在。就按你所说的去做吧，去找那些朋友，我们一起去拜访阿卡德——那个巴比伦最富有的人，并且向他请教致富的道理！"

第五章

发达的秘密——永远不做临渊羡鱼的人

财富像是一颗参天大树，它的成长，必然是从一个小种子开始萌芽的。当你开始理财的时候，你的第一笔投入就是这颗小种子，越早将它播下去，你就能越早让它长大。你培育它的工作越是努力，就能够越快见到财富的树荫，并能够在下面乘凉。

学会理财才能致富

　　阿卡德这个名字之于巴比伦，就是财富和慷慨的象征。作为整个巴比伦城最为富有的人，他从来不吝啬自己的钱财，不管是对待自己的家人，还是巴比伦其他的人，他从来不会吝啬。他一心帮助别人，做了很多的善事，也因此受到了全城人的尊重。然而即便如此，他也从来没有缺少过钱，他的财富就像是幼发拉底河一样，不但不会干涸，反而在不断地增长。这让他在巴比伦成为了一个传奇的人物，受到了人们的尊重和敬爱。

　　在他年轻的时候，他的朋友曾经问他说："亲爱的阿卡德，现在你已经是巴比伦城最有钱的人了。你有数不清的钱财，能够保证你衣食无忧地生活，并且尽情地享受。这是何等的幸运啊！可是我们，却整天都在为了生活奔走忙碌着，即使是这样，我们也只能够勉强解决生计的问题，而且还因此而在内心窃喜。这样的对比实在是让我们感到惭愧不已，到底是什么原因，让我们之间存在着如此之大的差距呢？

　　"要知道，我们是在一起上学，一起接受教育，一起游戏的，曾经我们都在同样的水平线上。不管是从事怎样的活动，你也没有表现出任何出类拔萃的地方。而且我们结束学习之后的很长一段时间里，我也没有发现你有任何超越我们的地方。

　　"更重要的是，根据我所知道的情况，在工作中我和你并没有任何不同的地方，同样的勤奋和用心，可是为什么幸运之神却没有降临到我的身上呢？你得到了神的照顾而享受了无尽的财富，而像我这样的人则被神灵放在了一边，这到底是为什么？难道说我们遭到了神的抛弃，没有资格享受和你一样的生活吗？"

阿卡德笑了笑，说出了他对这件事的看法："我亲爱的朋友，其实一直以来，这也是我在不断思考的一个问题。为什么有些人挣的钱只能够过上贫穷的生活，而有些人却能够源源不断地赚取金钱来供自己享受呢？这其中有一个很关键的因素，就是那些只能够勉强生活的人们缺乏必要的理财知识，特别是一些重要的、必须要掌握的技巧。如果一个人不懂得如何利用手中的钱去赚取更多的钱财，而只是一味地将手中的钱财挥霍出去，那么他肯定没有办法成为一个富有的人。这一点毋庸置疑。任何一个长久拥有财富的人，必然是一个懂得理财的高手。

"命运是邪恶而不具有常态的。然而它又是很公平的，它不会将一些美好的东西永远赐予某一个人，也不会让一个人始终在厄运的阴影里艰难地生存下去。即便是那些不劳而获的人们，他们也不会因为命运女神的惩罚而失去本不应该由他们得到的东西。命运可以让那些坐拥巨额财富的人们在一瞬之间就失去他们的钱财，变得一无所有，并让他们在欲望的煎熬下痛苦，同样，它也会让一个原本身无一物的人一夜暴富，让他们在意外的情况得到惊喜。

"因为如此，有些人在得到了女神的垂青之后就变得保守起来，他们尽力想要守卫自己的财富，以免突然失去它们。因为他们自己心里很清楚，以他们的能力，根本不应该得到那样多的财富，他们也没有办法确保这些财富会永远地属于他们。于是为了避免失去财富的痛苦到来，他们到处躲避，用一种悲哀的心态来

生活。

"除此之外还有一些人，他们拥有独特的智慧，这让他们在弹指之间就获得了众多的财富，更重要的是，他们还懂得如何让这些财富不断地增值。就这样，他们的财富越来越多，他们得以在富有的城市里无忧无虑地生活。尽管他们挥金如土，但是钱财却并没有减少。相反，因为他们用这些钱去做善事，他们还得到了人们的尊重和爱戴。当然，这样的人在整个世界上都是极为少见的，即使是我，也没有亲眼见到过，只是从别人的嘴里听说过这样的事情。想想我说的吧，那些意外获得财富的人，是否和我说的是一样的？"

积累财富的秘诀

对于阿卡德的这番话，他的朋友们都很赞同。他们得承认，事实的确如阿卡德所说的那样。他们身边的那些获得了众多的财富的人们，的确是勤劳又懂得理财的，他们也的确因此得到了命运女神的青睐。而那些将金钱挥霍一空的人们只能空叹命运的捉弄。于是他们向阿卡德请教，想弄清楚他是怎样获得财富的。阿卡德说道："在我年轻的时候，我一直在寻找一个东西，它能够让我的人生变得快乐。最后我终于发现了这个东西是什么，那就是金钱。它能够帮助我们去达成我们的梦想，能够让我们享受生活。金钱得到的越多，我们也会拥有越多的满足感。

"从某种意义上而言，财富是一种伟大的力量，当这种力量加诸在我们身上的时候，我们就可以以轻松的态度去面对任何事情。

"我们可以买来最好的家具，用它来点缀我们的家；我们可以开心地去世界各地游览，看到更多不同的风光，而不用去担心花费的问题；我们可以买来众多美食，让它来满足我们的口腹，让我们的生命得到满足；我们还可以买来金银珠宝，用它来衬托我们的外表，使得我们更加与众不同；我们还可以建造一些宏伟的宫殿，以此来彰显我们的辉煌；我们可以用金钱去做很多的事情，用它去满足我们的感官，让生活得到更多的体验。这一切没有钱是不可能办得到的，这就是钱的力量，它让我们拥有众多东西。

"当这种想法印在我脑海里的时候，我决心让自己拥有一个完美的人生，拥有那些美好的东西。这不只是空想而已，我不愿意看到当别人锦衣玉食的时候，我却在为了一点生活费而四处奔走。我也没有办法去忍受我自己衣衫破旧、忍饥挨饿，没有任何快乐的体验，艰难地生存着。为此我必须要成为富翁，一个被他人所羡慕的富翁，可以尽情地去做自己想要做的事情，过自己想要过的生活。我要做自己命运的主宰者。

"依靠别人显然不是现实的事情。你们都知道我的父亲是个普通的商人，并没有太多的资产，同时，我有很多的兄弟姐妹，通过继承我父亲的财产成为一个富翁并不可靠。而正如你们所看到的那样，我并不是一个出类拔萃的人，在很多方面甚至比不上你们。所以我就此下定决心，要认真地去学习如何致富，并且勤劳地工作，以便尽快地去摆脱这种悲惨的命运。

"对于每一个人来说时间都是公平的，关键在于人们怎样去利用时间。很多人没有意识到这一点，他们任由时间白白地从身

边溜走，而没有用来赚取财富。对于你们来说也是如此。现在你们都有了幸福的家庭，这是值得你们自豪和骄傲的，但是除此之外，你们还有其他的东西可以用来炫耀吗？恐怕没有。

"我不知道你们是不是记得，我们的老师曾经告诉我们一些关于学习的知识：学习的类型一共有两种：一种是过去的人们已经总结出来的经验和他们掌握的知识；而另外一种则需要我们自己去寻找并发现。

"我正是这样做的。在很长的一段时间里，我一直在寻找财富积累的方法，然后想办法将它付诸实践。每个人的命运都是一样的，我们最终会走向黑暗，在冥冥中结束我们的人生。既然如此，我们现在就应该去享受我们能够拥有的幸福，尽情地去享受生活的美好以及生命的快乐。

"我认为这才是一种极为明智的选择。

"我很快找到了一份工作，在官府的文史记录厅里刻泥石板。你们都知道的，我将每天的绝大多数时间都花在了工作上面。

"时光飞逝，我一直很努力地工作中，从来不偷懒。可是让我疑惑的是，这并没有帮助我积累到财富，在繁重的日常开支束缚下，我很难能够存下钱。但即便如此，我想要成为富人的信心从来没有改变过。

"我人生的转折点很快到来了，高利贷商人阿尔加米西的出现让我获得了新生。那天他跑来文史记录厅，告诉我他想要一套《第九法令》的抄本。为了鼓励我尽快地完成这项工作，他说，如果我能够在两天之内将这项工作完成，那么就能够得到两个铜钱的奖励。这对于一直没有余钱的我来说诱惑很大，于是我下定决心一定要按时完成这个工作。

"我开始拼命地干起来，废寝忘食。但是事情没有我想的那样简单，《第九法令》实在是太长了，尽管我已经尽力去做了，可还是没有能够按时完成。第三天，当阿尔加米西来拿货的时候，我仍然在赶工。他为此恼火不已，并且威胁说如果我是他的奴隶，他就会狠狠地揍我。然而我并没有因此而害怕。我平静地告诉他："阿尔加米西，我知道你很富有，是一个远近闻名的大富翁。你可以告诉我怎样才能够赚到钱吗？如果你愿意将你致富的秘诀告诉我的话，那么我一定会熬夜把《第九法令》刻完，这样你明天早上就能够拿走了。

"听完我的话，阿尔加米西笑着对我说：'年轻人，你很坦白，也很好学。好吧，我就答应你。咱们一言为定。记住，你要准时完成这个工作。我明天再过来。'

"我为此忙碌了一整夜，几乎没有办法直起腰来。夜里油灯所散发出的气味让我感觉到眩晕，双目也因此模糊起来。然而最后我还是将这个艰苦的工作完成了。我长舒了一口气，因为明天早上，我可以轻松地面对阿尔加米西了。

"第二天一早，阿尔加米西来了。我把东西给了他，并对他说：'现在你可以兑现我们之间的承诺了。'

"'很好，年轻人，你很重视信誉，实现了你的诺言，作为交换，我也会实现我的承诺。'阿尔加米西说道，'我很乐于将我赚钱的秘诀传授给你这样一个好学的人。如你所见，我已经老了，在我这样年纪的人都喜欢和别人唠叨，特别是和你这样的年轻一代。我很乐意把我多年积累的赚钱智慧传授给你。你和其他的年轻人不同，他们很多人都认为我的经验和认识已经过时，不

愿意听从我的意见，觉得没有丝毫的用处，更不会主动来咨询。然而他们并没有弄明白，天上的太阳一直存在，千百年来照耀着他们的祖先和父辈，现在又照耀着他们，将来还会照耀着他们的子孙。而太阳始终是一样的，从来未曾改变过。前人的智慧和经验就像太阳一样，一直闪耀着光芒，给我们指明道路。'

"'年轻一代的智慧更像是流星，须臾即没，看上去很美丽，可是并不能够长久存在；然而前人的智慧更像是恒星，以前有用，现在有用，在不久后的将来依旧会有用。所以年轻人，希望你记住我的这句话，否认你就难以理解接下来我将要告诉你的那些真理，你昨夜的辛苦也会就此白费了。千万不要让自己的努力变成无用功，所以请你记住我今天告诉你的一切。'

"阿尔加米西的表情突然变得虔诚而严肃，仿佛在述说一件神圣的事情：'我找到致富的秘诀很简单，那是我刚刚开始从收入中扣除一部分余钱慢慢积累之时。这就是我成为富人的根本原因，你相信这一点吗？当然，如果你不相信，可以自己试着去做做看。'

"说到这里他就打住了，然后坐在那里看着我，眼神清澈而有穿透力。"

"就是这么简单吗？通过这样的简单方式，你就成为了一个富翁？我真不敢相信。或者，你是否还有其他的一些特别的智慧？'我有些疑惑地问道。"

"没有了，就是这些。仅仅依靠这些，一个心肠硬的人就能成为一个出色的高利贷商人了。"

"可是，钱积累得再多，那还是我的钱，这有什么独特的呢？我并没有赚到钱啊？'我说道。"

"阿尔加米西回答道：'不，这当然不能算是你的钱。你应该想一想，你要吃饭、买衣服、鞋子，等等等等。你不可能身无分文而在巴比伦衣食无忧。傻孩子，仔细考虑一下，你过去的几个月的收入，去年的收入，它们都在哪里？你难道不明白吗？你的钱都付给了别人，可是并没有付给你自己。你的辛苦工作换来的钱都进了别人的口袋，这样看你和那些为主人干活的奴隶们有什么区别？他们和你一样有吃有住，但除此之外一无所有。然而如果你学会存钱的话，就不一样的。想想，要是你每次得到的收入都能够留下十分之一，那么十年后你有多少钱？'"

"我仔细算了一下，然后回答他说：'大概和我一年所获得的收入相当。'"

"阿尔加米西摇摇头说道：'不，你又错了孩子。要知道你存下的每一点钱，都是为你赚得更多钱的奴隶。你没有看到这一点。你存下的钱能够生出更多钱，每存下一点钱，你就能获得一些收入，这样不断地循环下去。如果你想要成为一个富人，那么第一步你就要懂得如何让你存下的钱为你赚到更多。就算是那些储蓄的利息，也能够为你带来一些进账，这就是钱可以生钱的道理。这些钱经过长时间地积累之后又生出新的钱财，最后终有一天你会得到渴望的财富。'

"'你觉得我说了半天，是在说一些没用的废话吗？为了骗你尽快完成我的工作，我用这样的空话来搪塞你？不，不是如此。我相信，如果你真的有智慧和天赋的话，那么你一定能够理解我所说的话。到那时候你会发现，今天我告诉你的这些智慧，高出了你昨晚工作价值的千万倍。'

"'因为必要的生活，所以你现在的收入当中，能够留下

来的并不多，但这不是最重要的，重要的是无论你现在能赚多少钱，一定要把你收入的十分之一存下来作为自己的积蓄。记住，存的钱不可以再少了。哪怕让你的生活过得稍微寒酸一点，也一定要先将这部分保留下来。不要去购买那些超过你支付能力的东西，只用你的钱去购买食物、帮助穷人，或者是献给神灵，这就够了。'

"'听着孩子，财富就像是一棵大树，它也是慢慢从一粒种子长起来的。这个成长的过程很长，必须要有耐心。你为自己存下来的每一点钱都是一粒种子，经过时间的洗礼，有一天它必然会成长为一棵大树。越早将种子播下去，大树就会越早成长。你付出的勤奋越多，种子就长得越快。到了那个时候，你就可以悠闲地在大树的树荫里纳凉了。财富就是这样积累而来的。希望你记住我今天所说的话，并且能够自己仔细去领悟，并最终将它付诸到实践当中去，这样将来你就一定会成为一个富有的人。'说完，阿尔加米西就带着泥石板离开了。"

学会如何理财

"阿尔加米西的这番教诲让我受益匪浅，在接下来的日子里，我不断地在思考着他的话，并且开始尝试着按照他教我的方法来积累财富，获得的每笔收入，我都拿出其中的十分之一做积累。然而我发现即便我日常的生活费用少了那十分之一，一切也没有任何不同之处。当然，最大的不同之处在于，现在我的口袋里有了十分之一的存款。过了一段时间，这些钱开始不断地变多，这让我心动了，毕竟对于那个时候的我来说，钱财的诱惑很大。然而想到阿尔加米西的话，我又恢复了理智，我留下了那笔长期积累下来的财富。

"就这样过了一年之后，我又一次见到了阿尔加米西。他问我说：'年轻人，一年不见，你十分之一的收入守住了没有？'"

"我很自豪地回答他说：'是的，尊敬的阿尔加米西先生！一直以来，我都是遵照您的教导来积累财富的，那笔钱我从来没有动用过。'

"阿尔加米西很高兴，他又问我说：'那现在呢，那笔钱你是怎么处理的？拿去做些什么了吗？'

"我回答道：'那些钱我拿去做生意了。砖瓦匠阿兹木告诉我，他经常会出海去，能够帮我从腓尼基买回一些珍贵的珠宝来，等到那个时候，我们将以高价把那些珠宝卖出去，这样我们可以得到很多利润，并且平分它。'

"阿尔加米西听完以后，突然愤怒地向我吼道：'天啊，你真是愚蠢！你居然会相信，一个砖瓦匠懂得珠宝的知识！你相信他的理由何在？你会找面包师，向他请教天文方面的知识吗？当然不会！任何人都会知道，这个时候需要去找天文学家！这么简单的道理，谁不懂呢？唉，年轻人，我只能遗憾地告诉你，你这一年里积累下的钱，已经被你的愚蠢给断送了。你要记住，如果你想要投资珠宝，就要去找珠宝商人请教，如果你想要了解如何养羊，那么就应该去找懂得放牧的人学习。向那些专业的人士们请教，从而获得专业的知识，这样你才能获得有价值的建议。去找那些不懂得储蓄经验的人，你只能将自己的储蓄葬送掉，这就

是代价所在。看吧，你积累了一年的钱很难再重新拿回来了。'说完他就走了。"

"结果证明，阿尔加米西是对的。我苦苦存储了一年的积蓄被砖瓦匠断送了，一毛也没有拿回来。阿兹木被那些腓尼基人骗了，他拿回来的那些宝石，其实只是玻璃珠而已，一文不值。尽管这让我很难过，但我并没有放弃。我把阿尔加米西的建议记在心里，始终坚持着把自己十分之一的收入存起来。在经过一年的存钱之后，我已经养成了这样的习惯，我并没有感觉到存钱有什么难度。我的钱仍然在慢慢增多。

"又过了一年，阿尔加米西来看我。他问我说：'孩子，一年的时间又过去了。这一年，你积攒下了钱么？这些年拿去干什么去了？'

"我回答说：'按照你所说的，我依旧把我十分之一的收入存了起来，然后用这些积蓄和铜匠阿格一起合伙做铜材的生意，我们已经谈好了，以后每四个月他会按时把利息付给我。'

"'嗯，做得很好！'阿尔加米西称赞道。接着他问我说：'那现在呢，你获得的利息想要做什么？'

"'我会用这些利息买一些美食，好好地享受一下，然后再买一件漂亮的袍子来穿。接下来，我还准备买一头驴子来代步。'

"阿尔加米西冷冷地笑了一声，说道：'天啊，你真是愚蠢。所有的利息都被你挥霍掉了，又怎么能够再生出新的金钱呢？没有了养分，你的财富之树又怎样才能长大呢？没有了大量的金钱作为养分，你的财富之树最后只能长到一定的高度，然后枯死。记住吧，只有让钱不断地赚取更多的钱，你才能真正获得财务上的自由，真正有机会享受生活！我祝福你。'说完他又走了。

　　"之后的两年时间里，阿尔加米西再也没有出现在我面前。而当他再度出现在我面前时，这个富贵无比的商人已经变得十分苍老，我几乎都要认不出他了。他缓缓地问我说：'阿卡德，你现在如何？已经过上你想要的生活了吗？'

　　"我回答道：'我还没有达到我所希望的那种生活，不过现在我的手上已经拥有一部分积蓄了，而且我的钱还在不断地增长当中。'

　　"'你还和那个砖瓦匠一起合作吗？还想要去做那样的投资吗？你把你赚到的利息挥霍掉了吗？'

　　"我回答说：'不，如果我去请教砖瓦匠的话，那么只是因为我想了解砖的相关知识。在利息上，我又将它们放出去进行另一项投资了，它们都在努力地为我赚取更多的钱财。'

　　"'阿卡德'，阿尔加米西点头道：'看来你已经完全掌握了我教给你的知识。你已经懂得了什么是量入为出，也学会了专业知识要向专业人士请教，更重要的是，你还知道如何用现有的钱去换取更多的钱，让钱为你服务。现在攒钱、存钱和花钱的知识你已经完全理解了，是时候担负更重要的责任了。我现在已经老了，死亡离我已经越来越近，然而我那些儿子们没有一个能让我放心，他们只懂得挥霍，却不知道赚钱。我不希望我的事业毁在他们手里，因此我希望你来帮我。如果你愿意跟我一起去尼普，和我一起搭档做生意的话，我会将我的一部分财产分给你。'

　　"听完阿尔加米西的话，我十分高兴，我欣然接受了他的建

议，到了尼普帮助他来管理生意。依靠着认真和勤奋的态度，我很快将理财的这些法则运用得得心应手，我的生意也因此而一天天好起来，渐渐地，我成了一个富人。几年之后，阿尔加米西去世了，我得到了他分给我的财产。我曾经的愿望终于实现了，我成为了一个富翁，并且不断地赚取更多的钱财，这让我可以尽情地享受生活了。"

用坚持换取财富

阿卡德的故事刚刚讲完，其中一个朋友就跟他说："阿卡德，你真的是一个幸运的人啊，碰到了阿尔加米西这样的富翁，成了他的继承人，最后当上了富翁。"

阿卡德笑着说："没有遇到阿尔加米西之前我一直想要成为富翁，事实上我觉得这种强烈的成功的愿望才会让幸运之神垂青于我。最初的时候，我能够一直坚持将自己收入的十分之一存起来，这正是我成为富翁的决心的体现。就像一个渔夫一样，他仔细研究了很多捕鱼的方法什么的，最后捕了很多鱼，这不能仅仅视为一种幸运。只有那些有准备的人才能够捕到鱼。那些有准备心理的人，也会得到幸运之神的关照。"

"的确，你有很强的毅力，这很让人钦佩。第一年损失之后，你还可以坚持按照原来的方法积累下去，如果没有强大的意志力作为支撑，的确是很难做到这一点。"另一个朋友接着说道。

阿卡德反驳道："意志力？不，不是这样。一个人有了意志力，就能够和骆驼一样扛起重担了？有了意志力，就能够拖动牛都无法拖动的东西了？意志力本身仅仅是在面对任务的时候，让我们更加有决心去面对现实罢了。比如我有工作的时候，不管它是否很重要，我都会尽全力去完成。

"一个人要想有成就，就需要一种自信。如果我有种想法，未来的一百天时间里，每天进城的时候我都会在路过一座石桥的时候扔个石头进河，那么不管天气如何，我都会坚持下去。如果某天我一开始忘了这件事，那么不管我已经走了多远，都会返回去做这件事，而不是自我安慰说：'算了吧，只要明天补上它，不是一样的吗？'这样我一定会返回去。我也不会在进行到一半的时候对自己说：'这件事没有什么太大的意义。干脆一次将它全部扔完了，以后这件事就不用再记挂了。'我一定不会这样做，而是会坚持到最后。

"当我给自己定下一个工作之后，即使有再大的阻碍横在我的面前，我也会坚持完成它。一个人做事，一定要要求自己有始有终。我不会去做那些在现实当中行不通，或者以我的能力没有办法去做的事情。所以我对此可以坦然地说，我一直悠闲地生活。当你坚持去做某事时，在这个过程当中，你就在不断接近目标，所以目标一定可以达到。"

这时，又有一个朋友问道："可是，如果世界上每个人都如同你说的那样一直坚持做一件事，那么最后他们都能够获得财富吗？不会吧？财富是处在一种平衡的流通状态中的。"

阿卡德说："当你付出勤劳和汗水的时候，你的财富也会相应增加。你说的那个问题并不存在。比方说，一个富翁想盖一栋豪宅，他就必然要请设计师、建筑工人等等，并且提供报酬给他

们。只要是为了这个房子的建造付出了劳动的人，都能够得到相应的收入。这个富翁虽然是花了钱，但是房子本身仍然作为一种资产存在，放在那里是不会贬值的。地皮被用掉了，房子放在那里也会升值。另外房子周围的地皮也会因此而升值。所以说，财富处在无限的成长过程中，没有人能够预料到未来会如何。腓尼基人利用了他们在航海过程中获得的财富在沿海周围建造了一些城市，这让他们的财富不断增加，也使钱财不断地流通。今天这些钱在你这里，而明天就可以成为别人的了。"

这时另一个朋友问他说："既然如此，那你给我们的建议有什么用呢？我们现在衰老了，也没有多少积蓄，我们不可能和你一样，完成那个漫长的计划了。"

财富积累的三部曲

阿卡德回答说："我的建议是，按照阿尔加米西的建议去做。你要始终提醒自己：将一部分收入留下来。不管处在什么样的时候，只要记住这句话，让它如同烈火一样在你的内心当中燃烧，很快你就会有一笔存储的钱了。

"当然，如果你还有能力的话，还可以从支出当中扣下十分之一。用不了多久，你就会发现自己拥有一笔钱是一件很美好的事情。当你的钱一天天增加的时候，你会因此而得到更多的动力继续下去。你会从这当中获得幸福的感觉，当你攒下的钱越来越多的时候，你就可以在年老不能再工作的时候用这些钱来生活。

"要学会用攒下的钱去赚取更多的钱，让财富成为你的奴隶，让所有的钱都为你自己服务。

　　"一定要记住，为自己将来的老年生活准备足够的钱，这可以保证你过上幸福的生活。看看街上的那些老人吧，你要知道以后总有一天，我们也会像他们一样，没有工作收入，这会让我们的生活变得缺乏保障。所以在投资的时候，一定要避免一时冲动，要想着如果让你投出去的钱更加安全。虽然从表面上看，高利贷是一种回报很高的投资，但那也很冒险，弄得不好就会让我们一无所有。到了那时才后悔就已经晚了。

　　"毋庸置疑的一点，我们肯定会老去。我们离开这个世界之后，孩子和家人如何生活，能否保证生活的安逸？这都是问题。我们必须对他们负责任，为他们定期存一些钱。作为一个男人，在离开这个世界前应该安排好所有的事情，从现在起就努力存钱，消除自己的后顾之忧。这样当我们离开的时候，我们才能够微笑而去，不用再担心家人将来生活如何。

　　"还要注意一点，要随时向高手请教，跟他们学习。他们的经验能够给我们很多帮助，也可以预见到我们会犯哪些错误。当年我的失败就是因为缺乏经验，将钱给了一个没有任何珠宝买卖经验的砖瓦匠。记住，不要小看了一些小额投资，它的获利虽然少了点，但是它很安全，比那些高回报但是风险很高的投资来说要好得多。

　　"等你攒到了一定的金钱的时候，你就可以享受人生了，记住，在这样的时候，不要像那些守财奴们一样。你不必对花费斤斤计较、不要为了钱而活着，钱的作用就是消费。在人生当中我们应该去享受那些美好的事情，让那些钱真正用到正途上。只要你能够保证不会肆意挥霍，那么你的人生就会很美好。"

　　听完阿卡德的话，朋友们都纷纷道别然后离开了。他们很多人在思考着阿卡德的话，显然他们并不能够完全理解。还有人抱怨道："像阿卡德那样有钱，如果他将钱分一些给我们的话，我们就不用辛苦地攒钱了。"这当中真正明白了阿卡德的话的人只有很少的几个人，他们清楚地了解了阿卡德究竟在哪里比他们更加杰出了，那就是对金钱的渴望，以及勤奋的态度。这是阿尔加米西选择他作为自己的继承人的原因所在。阿卡德通过自己的努力获得了成功，并且时刻等待着成功的机遇。只有他在真正能够在那个位置上做出了好成绩，取得了成功。

　　这之后，朋友们又几次去向阿卡德请教。阿卡德热情地接待了他们，并且免费地传授了很多理财知识给他们，还包括了一些成功经验。和很多富翁一样，阿卡德十分乐意于向这些朋友们讲解他的秘诀所在。为了让他们能够很好地领会，阿卡德还对他们进行了指导，使得他们明白了众多投资的道理。

　　就这样，这些古老的理财智慧经由阿尔加米西传授给了阿卡德，又由阿卡德传授给了他的朋友，再由他们传播了下来，流传到了今天。阿卡德的那些朋友们从这当中得到了一定的收益，生活也渐渐好了起来。

第六章

致富之秘——快速致富的七大秘诀

别将必要的消费和你的欲望混为一谈！你的家人以及你自己的欲望，永远不可能被薪水满足。因此，如果你想用薪水来满足这些欲望的话，那么有再多的钱也一定会被花光。而且，即使花光了钱，你的欲望仍然无法得到满足。

巴比伦城财富秘诀

巴比伦城一直是人们心中的"世界首富之城"，是代表着荣誉和财富的城市。巴比伦城储藏的财富超乎任何人的想象，因为这里拥有着数不清的富翁。尽管已经历了千百年的变迁，巴比伦在人们心中的财富神话却一直没有被湮灭。这里仍然是那个永恒的财富之城！

但是，无论是对一个人，还是对一个城市来说，财富都不是与生俱来的，巴比伦城无疑也曾是一个贫穷的城市。但是，通过聪明的巴比伦人的辛勤劳动和智慧理财，巴比伦城很快就成了世界上最富有的城市。在当时的巴比伦，所有的市民都拥有理财的智慧，在巴比伦城也形成了一种独特的学习致富的环境氛围，这就是巴比伦城的财富神话像太阳一样永存不朽的秘诀。

那年，巴比伦王萨贡征服了埃兰人回到巴比伦后，不得不面对战争带来的一系列问题。战争留下的一个破烂摊子等着他去收拾。萨贡的大臣们谏言道："在过去的几年里，陛下通过兴建灌溉用的运河和诸神的圣殿，给了我们百姓工作和富足的生活。但是，眼下，这些工程都已经完工。百姓也同时失去了收入来源。很多人失业了，而因为收入的锐减甚至中断，商人们也失去了顾客。现在，农夫们无法卖出粮食，市民也没有足够的钱用来买粮食。这是目前国家面临的最大问题。如果我们不想办法解决这个问题，国家就可能出现经济的全面倒退，这当然也会引发很多的不稳定因素。"

伟大的巴比伦王对大臣的话将信将疑，问道："那不可能啊，依你们的话，我为修建工程而花费的那些金子都跑到哪里去了呢？难道那些钱都在巴比伦城蒸发了吗？"

大臣回答道："恐怕，那些金子都已经跑进了巴比伦城那几个有名的大商人的钱袋里去了。因为金子总是像水一样从百姓的手里快速流到那些富商的手里，其速度甚至都不亚于羊奶流进挤奶人的手里。而这些金子一旦流进富人的钱袋里，往往就不再继续流通了。显而易见，大部分百姓是没有什么积蓄了。"

巴比伦王萨贡想了一会儿，问道："为什么金子会流进那些人富人的钱袋子里，而大多数百姓却不能拥有财富呢？难道金子和他们一个姓吗？"

大臣说道："因为那些富人都是懂得如何积累金子的人。而我们，也不能因为某个人懂得理财之道就对他采取什么措施，所以，对于想要伸张正义的官员来说，是不可以采用权利或者武力来暴力抢夺那些富人通过正常途径赚到的钱，然后分给贫穷的人们的。我们唯一能做也应该去做的，就是让老百姓们也懂得自己如何去赚钱，这样国家才会富强，百姓才能富裕。"

萨贡疑惑地问道："但是，难道除了那些富翁，别人都不懂得如何理财，攒钱给自己吗？他们不想让自己变成一个有钱人吗？"

大臣回答道："只要百姓们愿意学习，就肯定能学会那些理财的方法。但是，陛下，问题是根本没有人传授给他们那些理财的方法，显然，祭司是不懂得理财的，所以也无法教给百姓。于是，百姓根本不懂赚钱的技巧，富裕也就无从提起了。"

　　萨贡王问道："那么，谁是巴比伦最懂得理财和致富之道的人呢？"

　　大臣说道："陛下，您只需想一想谁是巴比伦城聚集财富最多的人就知道答案了。"

　　萨贡王马上说道："对呀，巴比伦人都说阿卡德是城里最富有的人。你快去请他来见我吧。"

　　第二天，大臣带着阿卡德来到王宫。尽管阿卡德已经年届七十，但是，他依然神采奕奕，眼睛也是炯炯放光。

　　阿卡德自信优雅地走到国王的面前，向国王行礼。

　　国王首先问道："阿卡德，巴比伦城的人都说你是最富有的人，这是真的吗？难道真的像传说一样，你拥有任何人都不能相比的财富吗？"

　　阿卡德回答道："尊敬的国王陛下，我想您说得是对的，因为没有人说过我不是巴比伦最富的人。"

　　国王若有所悟地点点头，问道："那你能不能告诉我，为什么你可以赚到这么多的钱？"

　　"我赚到如此多钱的秘诀，就是我善于抓住机会。其实，这样的机会，巴比伦城的每一个人都曾经遇到过，机会对我们每个人都是平等的。"

　　"那，难道就没有别的赚钱的秘诀了吗？难道只是等待机会？"

　　"当然，还需要有一颗对财富充满激情、充满渴望的心，别的，就无关紧要了。"

　　"阿卡德，"萨贡王继续说道，"我找你来，目的其实很简单。我相信你也看到了，巴比伦城正处在一种很糟糕的状况中，由于很少的人懂得发财致富的秘诀，很快就聚集了绝大部分的财富；而大部分的平民百姓却因为不懂理财，手中的钱财一直在不断地流失，而没有任何的积蓄。长此以往，国家将永远不能富强起来。因为一个国家若想富强，只有人民富强了才有可能。人民可是一个国家的根基啊！

"我非常想把我们的国家建设成一个富强的帝国，但是，一个强盛的国家必定是建立在人民的富裕的基础上的。所以，我需要让全国的百姓都学会赚钱的方法。所以，阿卡德，能否请你告诉我你赚钱的秘诀，这些秘诀是否也能传授给普通百姓呢？"

"尊敬的陛下，感谢您对民众的关心，拥有您这样的国王，我感到非常骄傲和自豪。您问的问题我也非常乐意回答，我愿意将自己的致富智慧全部告诉人民，其实，这些方法是任何一个懂得致富的人都知道的。"

国王听完精神大振，欣喜地说道："阿卡德，你的话深深打动了我的心。我可以请你奉献出自己的精力来做这件事吗？我希望你可以将你的理财智慧首先传授给一些聪明的人，然后，再由他们去教导全国的百姓，这样就等于全国的百姓都间接接受了你的教化。"

阿卡德躬身行礼，说道："我非常愿意为陛下效劳。为了您的荣誉，为了国家的富强，为了国人能够永远拥有财富，我将奉献我的全部精神，将我所懂得的全部理财知识毫无保留地传授给大家。请陛下给我一百个学生，我先传授给他们我这么多年来总结的致富的七大秘诀。我相信，在您的关心和我们的共同努力下，巴比伦城一定能成为一个富人的世界，一个财富之城。"

半个月过去以后，国王派人从全城挑选出了一百个聪明好学

的年轻人。这些人现在正聚集在国家学习大厅，围坐着成一个半圆形，引颈期盼着阿卡德的到来。

阿卡德走了进来，默默地坐在了一张小桌子旁边，桌上的圣灯飘散出沁人心脾的香气。

在阿卡德终于站起来准备授课时，一个人悄悄碰了旁边的同学一下，一脸不屑地说道："看到没有，这就是传说中巴比伦最富有的人，但看上去也不过如此嘛，和我们这样的普通人也没有什么区别。"

这时，他们的耳边响起了阿卡德的声音："感谢国王的信任，让我得到了这个可以为国家做些贡献的机会。为了百姓，也为了回报国王的信任，我来到这里向你们讲述我的致富秘诀。早年间，我和现在的你们毫无二致，穷困潦倒，但对财富充满了渴望。

"后来，在细心研究之下，我终于发现了走向富裕的道路。而且，通过找到的财富之路，我很快就让自己成了一个富有的人。国王希望我能够将这些理财知识传授给在座的各位聪明人。实际上，和你们以及全巴比伦的任何人一样，我就是一个普通的人，区别只是，我掌握了一些致富秘诀而已，除此之外，我没有任何值得骄傲的地方，而且我也是从点点滴滴开始做起的，没有任何有别于他人的特别优势可言。

"早年间，我的金库可能和现在你们中的一些人一样，一个破烂不堪的钱袋而已。只是，我无法忍受这个空空如也的钱袋，我当时的内心极度渴望它变得鼓鼓的，装满了金子。而我在这样想的时候，似乎听到了金子彼此碰撞的声音，那是多么美妙的一种音乐啊！于是，为了实现自己的渴望，我费尽心思，四处寻找致富的方法。终于，皇天不负有心人，我发现了七个快速致富的方法。

"在这里，我给它起了一个新名字'致富的七大秘诀'，这七个秘诀适用于任何人。接下来，我将用七天的时间来与你们一起来探讨这七个秘诀，并就这七个秘诀为大家进行详细的分析。

"希望各位能够聚精会神地听我讲述这些理财知识。你们可以和我一起讨论，或者你们共同探讨，共同提高。相信我，只要你们能够掌握我所说的这些理财秘诀，你们将来一定能够让自己干瘪的钱袋装满金子。

"首先，请在座的各位从现在起就要创建自己的财富，这是积累财富的第一步，也只有做到第一步，你们才有机会把自己学到的知识运用到现实的理财中去。唯有通过了这一步，你们才能具备向别人讲述理财知识的资格和能力，所以，这也是将知识转化成能力的第一步。

"这是七个能够让你们的钱包装满金子的秘诀，而现在，我就要对你们讲述这些秘诀。切记，这是通往财富天堂的第一步，也是最重要的一步。没有基础知识的积累，你在以后的致富路上肯定会遇到各种各样的问题，你的钱也会很快从你的手中跑到别人的手中。下面，我就开始给你们讲述我的第一个致富秘诀。"

秘诀一：扩大收入来源

阿卡德随意地在教室里踱着步，当他走到第二排的时候，和善地向一个似乎正在思考的学生问道："亲爱的朋友，今天之前，你是做什么工作的？"

学生回答道："我是一个专门刻写泥石板的抄写员。"

阿卡德听后说道："我像你这个年纪的时候，我的工作和你一样，也是一个抄写员。可以说，是这个工作让我赢得了人生的第一桶金，说得更准确一些，就是它让我赚到了第一个铜板。所以，我要告诉你的是，你也拥有和我一样成为巴比伦首富的机会！"

阿卡德接着又问一位坐在后几排的学生："请问你是靠做什么来维持生计的呢？"

这位学生声音沉闷地说："我是一个屠夫，也就是从农场买来山羊，然后杀掉它们，再将肉卖给家庭主妇，而剩下的羊皮则卖给做皮凉鞋的鞋匠。我就是靠这些来维持生活的。"

阿卡德说道："你是一个肯付出劳动，而且懂得如何追求利润的人，比当年的我具有更大的成功机会。"

接下来，阿卡德依次询问了在座的每一个学生的职业，问完之后，阿卡德说："现在，你们应该知道，不管是一个生意人还是一个普通的劳动者，无论你是做什么的，你都有赚到钱的机会。

"我们还可以这样理解，即任何一种赚钱的方式都像一根管子，一个将我们的辛勤劳动换成金子的管子。这根管子的直径大小决定了我们所能获得的金子的多少，而管子的直径就是我们的赚钱本领。你们认为我说的对吗？"

学生们纷纷点头，表示同意阿卡德的说法。

接下来，阿卡德说道："显然大家都对财富有着强烈的渴望，我们每个人都希望自己的金子越来越多。那么，为什么不充分发掘现有资源的潜力，以扩大我们所拥有的管子的直径呢？这无疑会是打开财富之门的钥匙，这难道不是一个很好的方法吗？”

学生们纷纷表示同意。

于是，阿卡德问一个卖鸡蛋的学生："假如给你一个篮子，让你每天早上，放进篮子里十个鸡蛋，到了晚上再从篮子里取九个鸡蛋。那么请你告诉我，时间长了以后，会出现什么样的结果？"

学生回答道："总有一天，鸡蛋会满出篮子的。"

"为什么鸡蛋会满出篮子呢？"

"那是当然了，因为每天早上我都在篮子里放十个鸡蛋，晚上却只取出来九个，那么，就是说每天篮子里都会多剩下一个鸡蛋，时间长了，鸡蛋自然会放满篮子的。"

接着，阿卡德向所有学生问道："请问各位，谁的钱包现在是空的？"开始时，大家以为阿卡德在和它们开玩笑，于是很多人笑着挥动起自己的钱包。

阿卡德说道："就在刚才，我已经将我人生中找到的第一个致富方法传授给你们了。从我给卖鸡蛋的学生的建议中，你们能够了解到，如果每次往钱包里放十个硬币，而最多只花九个的话，你的钱包就每次都多留下一个硬币。这样下去，时间一长，你们的钱包就再也不会出现空空如也的情况了，它反而会越来越重。这个时候，再把钱包拿在手里的时候，你的感觉会非常不同，相信此时你心里会更加满足。

"尽管这个方法听起来有点可笑，你们甚至可能觉得这是在自欺欺人。但我要告诉你们，这就是我的致富秘诀，它正是我走向富裕的第一步。在我年轻的时候，和你们一样，钱包里一个铜板都没有，钱包就好像从来都不是用来装钱的，而像专门用来看

的。我对自己的贫穷感到羞愧难当，于是我下定决心改变自己的现状，因为只有富有才能实现我的很多梦想。所以，后来我就按刚才告诉你们的那个方法，每次都从自己的收入中扣下十分之一作为自己的储蓄。慢慢地，我的钱包竟然鼓了起来。如果你们能够按照这个方法去做，我相信，在不久的将来，你们每个人的钱包都会是鼓鼓的。如果你们能够坚持下去，致富梦就不会再仅仅是梦想。

"现在，我将这个致富秘诀告诉各位，是希望你们明白，这才是不变的真理。我一直感到疑惑的是，自从我决定将自己的收入的十分之一存储起来，我的生活并没有出现想象中的那种压力增大的情况，即是说，没有那十分之一的支出，我同样能够过上不错的生活，跟过去比起来，生活不会出现任何的窘迫。当然，没有过多长时间，我的小钱包就被钱撑得满满的了。

"我认为这是诸神赐给我们的一个真理：如果你不是一个将全部收入都花完的人，那些存起来的钱，就会让你获得更多的满足感，而我们的财富，也会渐渐增多；相反，那些每个月都将身上的钱花个一干二净的人，是注定要挨饿的，同时，他的财富之门也一定是紧锁的。

"不知各位希望自己得到什么样的结果呢？我想，最可能让你们感到满足的，莫过于有一天拥有了无数的珍宝玉石、华服锦衣，能够安然享受生活的美好。当然了，每个人都希望拥有很多财富，比如黄金、土地、成群的牲畜，还有报酬丰厚的投资。于是，我们可以这样理解，我们从钱包里花出去的那十分之九的钱是用来满足我们的生活享受需要的，而节省下来的那十分之一，则是用来满足最后一项需求的。

"亲爱的朋友，为了帮助你们解决没有储蓄这个最基本的困境，我的第一个秘诀就是：如果你的手里有十个铜板，那么当你花钱的时候，一定要控制在九个铜板以内。

"接下来的时间，各位可以自由交流讨论，彼此印证一下这堂课的感受。如果有人可以证明这个真理不能在你的生活中实现的话，请在明天早上正式上课之前告诉我。"

秘诀二：合理控制开支

第二天，阿卡德按时开课。上课前，阿卡德说道："昨天，有几位学生找到我，说如果一个人赚到的钱连日常支出都无法应付了，又怎么能存下十分之一的钱呢？我对他们来说，那根本就是一种空想，也可以说是一种借口。告诉我，昨天你们当中有谁的钱包里连一个铜板都没有？"

大家异口同声地说："我们全都是这样的。"

阿卡德笑了笑，说道："但实际上，你们之间是有差别的，有的人每个月赚到的钱比较多，而有的人能赚到的钱，相对来说要少得多；你们中有些人只要管好自己就够了，而有的人还需要养家糊口。可是，就目前的情况来看，你们却都是一样的，即你们的钱包都是空的。难道你们的必要开支需求正好都与你们的收入相等么？

"所以，我要跟你们讲一个关于人的真理，那就是我们平时所说的'必要开销'应该和收入是相符的，即不应该存在应付不了日常开支的问题，除非我们有意扩大我们的开支。

"我要告诫你们的是，一定要把'必要开支'和'欲望'分开来，不要将这两点混淆了。你们的以及你们的家人的各种各样

欲望，永远都无法被你们的薪水满足。所以，即使你花光你全部的薪水，你仍然不会有欲望得到满足的感觉，反而只会让你变得更加贪婪、更加难以满足。

"每个人的薪水都注定是无法满足自己的欲望的。讲到这里，你们可能会认为，等你们像我一样有钱的时候，你们的所有欲望就都能得到满足了。如果你真的这样想了，那你就大错特错了。

"我们的时间和精力都是有限的，穷人也好富人也罢，谁都不能例外。我双脚走过的路，我的嘴品尝过的美食，以及我从这些东西中获得的满足感，都是非常有限的。人的欲望是永远都无法被填满的。所以，要想慢慢地积累起自己的财富，你就一定要克制自己的欲望。

"这就好像一个辛勤的农夫，他不小心在自己的地里留下了一小块空间，结果，就是这一小块空间，给野草留下了生长的机会，于是野草开始在他的田地里蔓延，很快就侵占了整块田地。人的欲望和野草是同样的道理，一旦我们的欲望得到一点机会，它就会像难以控制的野草一样，开始侵占我们的身心，欲望不断膨胀，终有一天，我们将无法满足它，而无论我们有多少钱。人的欲望是无穷无尽的，所以，你永远不能给它留下膨胀的机会。

"如果你能更深入细致地研究你的生活习惯，会意外地发现，你所认为的必要的日常开支，其实有很多是完全没必要的开支。你完全可以避免这些支出。所以，我们需要时常提醒自己：钱一定要花在最需要的地方，不让自己钱袋里的金子白白丢掉。

"所以，你不妨按照下面的方法做：把你想完成的愿望刻在泥石板上，然后，从中挑出一些非做不可的事，然后用钱包里十分之九的钱去完成它。将那些没有必要去做的事砍掉，因为那些事情只是你的生活中很小的一部分，如果过分重视它们，只会增加你的贪欲，而随着贪欲的膨胀，你钱袋里的金子也会渐渐被花完。

"所以，一定要为那些非做不可的事制定预算，需要注意的是，绝对不能让你的预算威胁到那十分之一的储蓄。你要做的是，将那十分之一的收入作为你的储蓄目标，然后坚持下去，终有一天，你会因此得到很大的满足。"

"此外，预算不仅仅是一朝一夕的事，而是一个长期的过程，必须坚持下去才有效果，而且你还须根据实际情况进行灵活的调整，以更好地帮助你理财。切记，对你来说，最重要的一件事，就是紧紧地抓住自己的钱包。要想尽办法避免你的钱流出去，因为一旦这些钱出去了，就再也不能回来了。这一点，请务必记住。"

这时，一个身穿红黄相间衣服的胖学生打断了阿卡德的话："我觉得你 嗦这么多，完全没必要。就算我不工作，我也能养活我自己。我认为我有权利享受生活中的一切美好事物，这个权利也是诸神恩赐给我们的。所以，我无法忍受使自己成为一个为生活预算的奴隶，我不能让预算来告诉我该怎么花钱，花多少钱，我认为，预算唯一的作用就是减少我们生活中的快乐。我绝对不能让自己活得像一头蠢驴，只知道背负着沉重的负担，不停地工作。"

阿卡德笑笑，轻声问道："那么，我的朋友，你的预算是由谁来决定的呢？"

胖学生回答道："当然是由我自己决定的！"

阿卡德说："很好，那接下来，我们就从你所说的继续往下讲，如果你所说的蠢驴也能为它背负的东西预算一下的话，那么，限制它预算的会是什么呢？它会去考虑背着那些珠宝、黄金、地毯吗？它会让这些沉重的东西来压着自己吗？当然不会了，它肯定愿意自己背着的是一些稻草、谷子或者其他什么轻一些的东西，因为这样可以减轻它的负担，这就是驴的预算。就连蠢驴也懂得挑轻的东西背，所以，由你自己来决定自己的预算肯定是不合理的。

"之所以要做预算，唯一的目的就是要帮助你尽量地保住你钱袋里的金子。预算不仅可以让你享受日常的生活，而且，时间长了，它还能让你收获很多意外的享受。预算就是保证你生活中最需要的那部分享受，而拒绝你突发奇想的超过你的收入的那部分享受。预算就像黑夜里的一盏明灯，可以指引你正确地使用你手中的钱。它会将你钱包里的漏洞照得一清二楚，这就可以使你及时弥补钱包的漏洞，从而保证你的钱不会在不知不觉中流走。而那些令你无节制地花费的欲望，与你的生活中的实际需要是不相符的，它能带给你的，只有陷入困境的生活。

"今天我和这位学生为大家讲述的，就是我要告诉你们的致富的第二个秘诀：为你的花销做一个合理的预算。只有做到凡支出必有预算，你才能够真正控制你那十分之九的收入，这样你才能存下来更多的钱。从而在保证你基本的生活需求的同时，也可以为你自己更有价值的梦想做准备，那十分之一的积蓄将成为你完成梦想的有力保障。"

秘诀三：让钱来生钱

第三天，一上课阿卡德就对学生们说："相信你们已了解到，通过前两天所讲的方法，你们的钱包正在一天天鼓起来。你们已经基本学会了如何控制自己的支出，积蓄自己的收入，这样坚持下去，你们的财富会一天天多起来的。那么，接下来我们要讨论的就是如何让你们积累起来的财富更好地为你们服务，以催生更多的金钱，让你们的财富不断升值了。最终的目的，当然是成为金钱的主人，让所有的钱都为自己服务。

"尽管，现在你们的钱袋里有了钱，给你们带来了很大的满足感，但是，如果你们只是守着钱不放，那么你们就只能成为一个吝啬的守财奴，那些金子对你们来说就没有任何意义了。值得注意的是，辛辛苦苦积攒下来的钱，其实只是我们用来创造财富的一个开始。只有让攒下来的钱，继续为我们赚钱，我们才能建立起真正属于自己的财富王国。

"那么，究竟如何才能让我们攒下来的钱为我们赚钱呢？在我年轻的时候，第一次投资我就做出了一个错误的决定，结果是一年辛苦攒下的钱全打了水漂。这个故事，一会儿我会原原本本地告诉你们的。而我第一次赚钱的投资是将我攒下来的钱借贷给一个名叫阿加尔的盾匠。阿加尔每年都会购买很多从海外运来的铜，所以他常常向那些身上有余钱的人告贷。总的来讲，阿加尔是一个非常值得信赖的人，每次将铜打成盾牌卖掉之后，他都会连本带息地把钱还给借贷者。

"每次借给阿加尔钱，过不了多久就会连本带息地收回来。

111

所以，我的钱不断增加，不仅我积累的钱越来越多，而且这些钱还不断地为我赚来更多的利息。值得庆幸的是，我借出去的钱最终都安全地回到了我的钱袋里。

"说句老实话，一个人的财富与他口袋里现钱的多少没有多大关系，衡量一个人的财富的标准，应该是看他积累下来的钱能为他持续不断地创造多少钱，并且可以始终保持钱袋的饱满。就像幼发拉底河的水一样，你取出来一桶，河里的水根本就没有减少，只有做到这样，你创造财富的过程才算真正的完成。这当然是任何人都渴望的结果，相信你们也期盼着自己不管是在工作还是旅行的时候，都一直有钱源源不断地流进自己的钱袋。

"就这样，我拥有的钱越来越多，最终成了一个出名的大富翁。将钱借贷给阿加尔是我第一次赚钱的投资。通过这次成功的投资，我总结出一个经验，一定要保证本金和收益能够安全地回到自己的钱袋，才能进行投资。此后，我开始借出更多的钱，借给更多可靠的人，这样，随着我的投资越来越多，收益也自然越来越多。于是，我的钱像滚雪球一样越来越多，最终我拥有了自己都数不清的财富。

"通过我的故事，相信你们可以得到些启示。我从自己微薄的收入中积累出的钱，成了我赚钱的奴隶。我的每一个金币都在忠诚地为我服务，于是，金子就像河川入海一样源源不断地流进了我的口袋。当你所有的钱都在为你赚钱的时候，你的财富的膨胀速度是不可想象的，而这，才是真正地创造财富。

"下面，让我们来看一个理财的例子，希望能给你们带来一些启发。这个例子为我们展示的是一个合理投资者财富增长的过程：

"一位农夫在自己的儿子出生的时候，从自己积攒的钱中拿出十个银币给了一个值得信任的经营借贷业务的钱庄老板，让钱庄老板替他放贷，一直等到他儿子二十岁成年时再进行结算。钱庄老板给农夫开出的利息是每四年四分之一。农夫向钱庄老板提出了一个要求，因为这笔钱要等到儿子到二十岁时才进行结算，所以，每四年产生的利息都自动转成本金继续由钱庄老板运作。

　　"到农夫的儿子长到二十岁的时候，农夫到钱庄老板那里结算本利。钱庄老板结算的时候说道：'由于这笔钱每四年会增加一次本金，所以，原先十个银币的本金，到现在已经变成了三十一个银钱。'

　　"农夫听到钱庄老板的话，觉得这笔投资非常不错，考虑到儿子暂时还用不到这笔钱，农夫于是再次将钱存放在了钱庄老板那里。等到农夫过世的时候，农夫的儿子也已经四十五岁了。当农夫的儿子找到钱庄老板进行结算时，这笔钱已经变成一百六十七个银币了。

　　"我们不妨计算一下，十个银币，在四十五年之后，整整创造出了将近十六倍的财富。

　　"这个就是我今天要告诉大家的，第三个致富秘诀：让你的每一分钱都为你创造利息，并且让利息继续为你服务。我们的钱就好比一群绵羊，经过长期的繁衍，最终会成为一笔大财富。它在为我们带来收入的同时，还会让更多的钱像流水一样源源不断地进入我们的钱袋。"

秘诀四：避免财富流失

第四天，阿卡德上课时对学生们说道："天有不测风云，人有旦夕祸福。金钱同样也不例外。如果我们看不好自己的钱袋，那钱袋里面的金子就会在我们不注意的时候悄悄溜走。所以，将小额的钱存储起来，对我们来说是非常必要的。谨慎地看好钱袋里的钱，直到神赐给我们更多的金子！

"世界上有钱的人永远是少数。一个人一旦拥有了钱，就会迎来不断的麻烦，人们会拿出各种各样的方案请你投资。仿佛他们所说的方案绝对能创造利润一样。当然，还有你的亲戚、朋友来鼓动你去投资他们看中的所谓的项目。这个时候，你千万要谨慎，一定要保持头脑清醒，万万不能意气用事。一旦你的手指松条缝，你的钱就会不可遏制地从你的钱袋里流出来，到那时再想收手，就为时已晚了。这正是覆水难收啊！

"在你决定将自己的钱借出去之前，一定详尽地调查一下，确定借贷者是否有能力偿还你的钱，他的人品如何。只有这样，才能有效避免你的钱打了水漂，这也是保证你的钱安全回到你的钱袋的重要步骤。

"所以，在你将自己的钱借贷给别人之前，一定要对所谓的投资项目进行全面的了解，这样才能衡量出你借出去的钱有没有风险，风险有多大。

"前面说到过我的第一次投资是失败的，现在我跟你们简单地交代一下。对我来说，那次投资简直就是我永远不愿忆起的一个悲剧。当时，我把自己辛辛苦苦干了一年积累起来的金子全部交给了一个叫做阿兹木的砖匠，他一个人走海路去了提尔城。我们本来的计划是，他去腓尼基买一些稀有的珠宝，然后回来将珠宝卖掉，我们平分利润。我们没想到的是，腓尼基人竟是一群毫无诚信可言的恶徒，他们把看起来是珠宝的玻璃高价卖给了阿兹木，阿兹木还以为得了宝贝，兴高采烈地回来向我献宝。这个蠢货，就这样让我辛苦一年积攒的钱打了水漂。当然，最后我不得不承认自己的考虑也欠周到。当年我所犯的错误根源，就在于把自己的钱交给一个毫无珠宝知识的砖匠去买珠宝，真是愚不可及啊！

"我忍着痛苦与羞辱，跟大家讲述我这次失败的投资，目的就是要提醒你们吸取我的教训。千万不要自以为是地轻易下判断，只有谨慎，才能避免将自己的财富投入陷阱。如果你们遇到类似的事情，一定要向专业知识丰富的商人或者专家咨询，这样，你不仅能收到免费且合理的忠告，而且很可能如期收获你计划中的利润。实际上，这些忠告，正是保护你的财富免受损失的有力保障。"

"这就是今天我要告诉各位的第四个致富秘诀：抓住你的钱，不要让它们轻易去冒险。

"这是一个极其重要的原则，它为你们提供了一道屏障，避免刚刚鼓起来的钱包再次空空如也。你们要严密看守自己的财富，一定要在最安全的情况下再做出投资决定，或者也可以做一些随时可以收回成本的投资，或者选择一些没有风险的投资，虽然这样利息比较少，但至少本金是安全的。此外，多与专业人士以及善于理财的人进行交流，谨记那些可信任的内行人给你的忠告，这是避免你走错路的重要依据。"

秘诀五：拥有一套自己的房子

第五天，阿卡德继续着他的财富智慧课程。

阿卡德对学生们说："一个人若能将其收入的十分之九用作生活开支，就完全足够享受生活了。如果他能够从十分之九的收入中再节省出一部分来的话，这对他的生活也不会有什么影响，而若用节省出来的这点钱继续投资，他的财富却会积累得更多更快。

"大多数巴比伦男人肩上都担着养家糊口的重担，如果他们需要向房东交房租，那么，这个租来的家里估计不会有空间用来让他的妻子种些花花草草什么的，自然也没有供孩子们玩耍的地方，所以孩子们通常都是到肮脏的巷子里去玩耍。

"如果能够拥有一大块属于自己的而且干净的地方，可以让妻子种些花草蔬菜之类的东西，可以让孩子们尽情地玩耍，那的确会带来真正的幸福的感觉。

"没有哪个男人不爱吃自己妻子种的无花果和葡萄，也没有哪个男人不想拥有自己的房子和土地。每个男人都想亲手营建一所自己的房子，这会给他很大的自豪感和自信心。我相信任何一个男人都愿意为此付出自己的辛勤和汗水。所以，我给各位的建议就是要去争取有一套完全属于自己的房子，从而不用再为房租担忧，也会有地方亲自种植花草和蔬菜，更可以为孩子们开辟出一个欢乐园地。

"一个人只要有拥有自己的房子的渴望并愿意付出努力，相信他就一定能够达成心愿。我们巴比伦伟大的国王一直在努力扩大巴比伦城的范围，他给我们城内留下了足够的空间让每一个人去建造自己的房屋。而且国王给出的土地价格是非常合理的，所以我建议大家买下一块土地用来营建自己的房子。

"同时，我还有一个很好的建议：如果各位钱还不够多的话，可以向钱庄老板借贷，这样就可以买下属于自己的土地建造房子了。我相信，如果大家能够有一个比较合理的建房计划，然后向钱庄老板提出一个相对合理的借贷数目，钱庄老板一定会乐意借给大家钱，何况各位买下来的房子和土地本身就是最好的抵押品，所以你们一定能够借到足够的钱。这样一来，你们就完全可以用别人的钱，买下属于自己的土地，建造自己的房子。这样看来，做到这一点是轻而易举的。

"有了自己的房子之后，你们就不必再向房东缴纳房租了，而只需要一点一点地还钱给钱庄老板就可以了。建议大家与钱庄老板在借贷时就商量好分期付款的款项和期限，如果你愿意为此支付一定的利息，我想钱庄老板一定会愿意借钱给大家的。这样一来，你每付一次钱，你的债务就会少一分。我相信用不了多久，你就能够体会到拥有完全属于自己的房子是一件多么幸福的事了。

"大家可以想象一下那种场景，你拥有了完全属于自己的财产，剩下的唯一负担，那就是给我们伟大的国王缴纳一点税款，这当然应该的，而且那时，你已完全具备支付税款的能力。

"这样，你的妻子就可以去幼发拉底河边洗你们全家漂亮的衣服，洗完回家的时候，还可以顺便提上一桶水，来浇灌你家人自己种植的花草和蔬菜。想象一下，这样的一个家庭，这样的美好生活，难道不是你一直渴望的吗？

　　"当你拥有了属于自己的房子，你会发现可以省下很多生活开支，这样，你就能够剩下更多的钱，而这些钱，不但可以让你享受更多生活的乐趣，还能帮助你完成很多还没有完成的梦想。

　　"这就是我今天要告诉大家的致富的第五个秘诀：拥有一套属于你自己的房子！"

秘诀六：确定未来的收入

　　第六天，阿卡德上课时对学生们说："每个人都要经历一个相同的过程——从出生到死亡。在此过程中，我们每天都得吃喝拉撒睡，这就是我们的生活。当然，有些人稍有例外了，他们在很小的时候就受到神的召唤，奔赴黄泉了。可是大多数人都要经历年老，当我们老了，无力工作了，我们能拿什么来养活自己？所以，我们必须提前为自己的老年储备一定的金钱，以保证那时能够生活无忧，同时，可以的话，我们还应该尽量在我们死后留给家人一笔钱，让他们在失去我们之后依然能够不为生活忧愁。今天我要与各位探讨的内容就是，如何让自己失去赚钱能力之前，为以上诸问题做好准备。

　　"对于懂得用理财法则来积累钱财的人来说，则更应该对此早作打算。每一个懂得理财的人都应该制定较为完备的投资计划，以确保将来不能继续工作赚钱时，能够有充足的金钱来让年老的自己过上无忧无虑的生活。

　　"当然，让自己老年的时候能够享受生活的方法不止一种，巴比伦有一些人想到过一个自以为很不错的方法，即找一个比较隐蔽的地方将钱埋起来。但是，不管你多么聪明、多么谨慎，藏起来的钱总有一天会被小偷窃走或者被强盗抢走，甚至可能在你年老想用这笔钱的时候，却已经忘记埋藏在哪里了。所以，我并不赞同这种方法。

"我能给各位的最好的建议就是买几块地建几栋房子作为自己的养老保障。等到你的房子（包括土地）升值了，你就可以卖上个不错的价钱，然后用这些钱来安度晚年。

"还有一种方法是，将你的钱存到钱庄里，而且要不断地增加你的存款。钱庄老板会为你的存款支付一定利息，而你的本金和这些利息将不断地为你创造财富。我认识一个叫安山的鞋匠，他曾经跟我说，他坚持每周到钱庄存二个银币，坚持了八年之后，最近他在与钱庄老板结算的时候，获得了一个很大的惊喜。他经过八年不间断地存储积累下来的钱，再加上每四年四分之一的利息，连本带息竟然有一百四十个银币之多。

"看他积累起如此巨大的一笔财富，我也由衷地为他感到高兴。我曾经帮他计算过，如果他能够将这种存储方式坚持二十年的话，在结算时，他就能够从钱庄得到四千个银币，四千个银币，想想吧，这可是一个人一辈子都受用不尽的。这个例子告诉了我们这样一个道理：不间断的小额长期存款，能够使我们最终得到相当丰厚的回报。

"我们面对的问题是，不管在我们年轻的时候通过努力工作和运气获得了多少财富，收入有多么高，但是，却无法排除我们要经受晚景苍凉、衣食无着的悲惨场景的可能。

"我之所以这样警告大家，是希望各位能够设计出来一套合理的理财计划，以保证你们晚年的生活。对于普通人来说，进行一项长期的小额储蓄计划，经一段长时间来聚集成大钱，无疑是一个非常有益且可操作的方法。我们应该大力提倡这个计划。只

是，对于在座的各位来说，这个计划目前不具备成熟的条件，毕竟这个计划最需要的就是一段很长的时间，恐怕要比大家的寿命还要长，这个计划需要国王那种没有后顾之忧的人来主导施行，才能真正地造福全国人民。

"这个计划真正的目的是在你去世之后，因为经年累月的存储，它已经变成了一笔数目相当可观的财富，从而可以对仍在世的家人起到很大的帮助作用。

"但是，现在，我们现在的当务之急是面对自身的生活，而不是去预先为家人的未来打算。所以，我们最需要的是一个符合自身状况的理财计划，这个计划对我们安度晚年有很大的帮助。鉴于此，我建议大家以后有时间的时候多去想一想等老了之后的情况，没有工作收入来养活自己和家人，该怎么办？

"这就是我今天要告诉大家的致富的第六个秘诀：提前为你的晚年和家人的生活做一个长期的计划。"

秘诀七：增强赚钱的能力

第七天，阿卡德说道："今天，我将要为各位讲述一个对摆脱贫困最有效的方法，同时这也是最直接的方法。不过，今天，我不与你们谈论关于钱的问题，而是聊聊与各位密切相关的一个问题。我要说的是一些人的故事，相信他们的成功或者失败，以及他们各不相同的见解和行为，相信对各位都会有很好的启发。

"前不久，有一个年轻人来我的钱庄借钱，我自然而然地问他做什么用。他说他的钱总是不够花，然后向我发了一顿牢骚。我对他说：'钱不够花职能说明你没有还贷能力，因为你根本没有钱攒下来还贷。所以，我不能借钱给你。'

"我继续对他说：'年轻人，你的当务之急应该是想办法赚钱。那么，你有什么好方法来提高自己的赚钱能力吗？'他说：'我只能去找我的老板要求加薪，两个月来，我已经找了他六次，可每次我一提出加薪的要求，他就会板起脸来，无情地拒绝我，他说他从来没有遇到过像我这样频繁要求加薪的人。'

"听完这个年轻人的故事，各位可能会笑话他。毕竟这个年轻人看问题太简单了，但是，这个年轻人身上，却有一种我觉得可取的地方，那就是在他对金钱拥有一种源自本能的强烈的渴望。

"一个人若想变得富有，没有对金钱的强烈的渴望是万万不行的。要知道，最简单的愿望总会让我们觉得动力不足。若一个人只会简单地想想，'如果我能变成一个富有的人就好了'，这样的需求在我看来，就太微不足道了，简直是一点进取心都没有。对任何一个人来说，拥有五个金币的愿望都是很容易实现的。但是，在他拥有了五个金币之后，不但要守住它们，还要用它们赚来更多的金币，十个、二十个，甚至一百个……

只有拥有这种强烈的愿望和能力，一个人才能变成一个真正的富翁。

"在很小的愿望得以完成的时候，其实他已经了解了赚钱的方法，他只要能够坚持按这种方法去努力、去积累，他就能够成为一个大富翁。财富的积累其实就是这样简单。没有小钱的积累，就没有大钱。所以，大家务必要切记'积少成多'的道理，坚持不断地积累，这样，总有一天会像大海汇聚小溪一样，积累起大的财富。

"一定要有明确的目标。目标太多只会让你迷失方向，而且

我们也没有能力去实现太多目标，所以，要量力而行。

"当然，随着工作技能的提高，一个人的薪水也会水涨船高，这其实才是加薪的正确方式，而非不断地要求老板加薪。当年我在刚刚做抄写员的时候，泥石板刻得非常慢，每天只能赚几个铜板，但是我的同事则完全是另一码事，他们刻得又快又好，收入自然也要高出我很多。接下来的日子里，我细心地观察同事们的工作，结果很快就发现了他们刻得又快又好的原因。于是，我将自己的全部精力都用在了提高技能上，最后，我取得了飞速的进步，我的工作做得又快又好，甚至大大超过了我的同事们。因为我努力提高自己的工作技能，对工作又认真负责，所以，不用我去向老板要求加薪，而是老板主动提出给我加薪。这就是加薪的正确方式。

"我们在提高技能的同时，智慧和财富也会不断增长。一个人，如果肯深入自己所从事的行业，苦心钻研，不断提高技能，那么，他获得财富也一定会远远高于其他人。如果你是一个工匠，你一定要多向同行中那些技艺精湛的前辈高手学习交流，听取他们的经验心得，这样你的技能一定会得到快速的提高；若你是一个商人，则需要不断地研究更好的赚钱方式，来降低成本和增加利润。

"其实，对于任何一个人来说，都需要追求进步并不断地提高技能。因为只有勤劳并技能出色的人，才能为雇主创造出更多的利润，也只有为雇主创造了更多的利润，雇主才会提高你的薪水。所以，我给各位的建议就是一定要走在行业的最前面，并不断地提升自己。

"显而易见，一个人若想成为富翁，与很多环节都有重大关系。而这些环节也正是那些擅长理财的人成功的关键。如果你向获得财富上的成功的话，就应该努力做到以下几点：

1. 尽最大努力偿还自己的债务，绝不会购买那些承受能力之外的奢侈品；

2. 照顾好家人，做到不管是家人还是亲朋提起你的时候，总是会不由自主地竖起大拇指；

3. 提前分配好自己的财产，以防止自己离世后，家人因为财产的分配问题而发生争执；

4. 同情频遭厄运的人，尽可能地多帮助他们一些。

"这就是今天我要告诉大家的第七个秘诀，也是最后一个秘诀：不断增强赚钱能力，多请教有经验的人，通过努力和学习，成为一个富有理财能力的人，帮助遭到厄运的人，做一个自尊自重的人。"

为期七天的课程就要结束了，阿卡德在鼓励他的一百个学生的同时，也做了最后的总结发言：

"这七天我给各位讲述的，就是我用一生的经验积累起来的财富智慧，它们的价值要远高于我的财富本身，因为它们还能为我和你们甚至全巴比伦的人创造出更多的财富。这是我致富的七大秘诀，我希望渴望得到财富的你们能够坚定不移地去执行。这样，相信终有一天，你们能够实现你们致富的梦想，变成富有的、受人敬重的人。

"我的朋友们，巴比伦是一个真正的财富之城，它所拥有的财富比你们想象中的还要多，我甚至愿意用遍地黄金来形容它。不光你们，就算有再多的人，也无法拿光巴比伦的黄金。但是，就算遍地都是黄金，你也得弯腰去捡吧？所以，请记住我向你们

讲述的这七个致富秘诀，然后去付诸行动，一定要付诸行动。

"为了实现致富的梦想，现在就请各位勇敢地出发吧，让这些理财秘诀带给你们惊喜，终有一天，你们会像我一样拥有数尽的财富，过上从容的生活。

"在你们去获取财富，实现自己的梦想的同时，我希望你们能为我做的是，将这些理财的法则广为传播，让巴比伦城的每一个人都成为国王值得骄傲的臣民，让每一个人都能享有国王赐予的这比财富更为珍贵的智慧，同时让所有人都能够分享到财富之城——巴比伦里的巨大财富！"

第七章

黄金的秘密——学习让金钱成为你的奴隶

黄金的五大法则经得起任何情形的考验。不懂黄金五大法则的人，其财富总是来得很慢，去得很快；而遵守黄金五大法则的人，将成为黄金的主人，黄金会源源不断地流进他的口袋，并且心甘情愿地做他的奴隶。

黄金与秘籍的选择

在阿卡德及其学生的努力下，巴比伦城形成了一种讲授与交流理财智慧的风气，现在，在巴比伦城人们最常谈论的就是如何理财。毋庸置疑，巴比伦的繁荣和兴盛与阿卡德的贡献分不开，可以说，他已经成为巴比伦这个财富之都的一个重要支柱。而阿卡德的盛名，早就传遍了巴比伦的每个角落，他的名字甚至已经成了财富和地位的象征。

一个晚上，一支骆驼商队驻扎在通向巴比伦的路上，夜幕降临，帐篷的四周亮起烛光，在这微弱的灯光下，二十七个人在围坐在一个帐篷内，他们虔诚地看着一张被沙漠骄阳晒成古铜色的脸——这张脸是他们的主人卡拉巴布的脸，卡拉巴布正在给他的雇员讲述自己的致富智慧。

卡拉巴布是一个出色的商人，他拥有庞大的商队，还有很多其他产业，在整个巴比伦，他都算得上屈指可数的大富翁之一。他看了一眼围在身边的伙计，慢慢地说道："请你们回答我一个问题，如果在你们面前有两样东西，一样是一整袋沉甸甸的黄金，一样是刻着理财法则的泥石板，而你们只能选择其中之一，你们会做出怎样的选择呢？"

二十七个伙计像商量好了似的，异口同声地说道："自然是选择黄金了。"

卡拉巴布脸上露出微笑，他的手指着帐篷外面说道："你们能听到吗？那夜幕中野狗在狂吠，它们是因为饥饿而疯狂叫嚷，那么，在他们填饱肚子以后会去做什么呢？它们只会去打架闯祸，或者是没有目的地在旷野中跑来跑去……然后，仍然是打架、吃东西，再继续乱跑、打架。它们从来没有想过自己明天会不会饿死。

"其实，我们人类与野狗也没有什么区别。在让人们从黄金和刻有理财法则的泥石板中选择其一的话，大多数人都会选择忽视理财法则而去抱紧黄金，然后将捡来的黄金很快地挥霍一空。等到黄金没有了，他们才会开始后悔。你们要明白，黄金只是因为那些刻着理财法则的泥石板才存留下来的，没有泥石板上的那些智慧，多少黄金都会被挥霍一空。"

夜幕中，一阵凉风袭来，卡拉巴布紧了紧身上的白袍，继续说道："感谢你们，在这场艰难的长途旅行中，你们一直忠诚地为我服务，不仅悉心地照顾我和我的财物，甚至对骆驼都照顾得无微不至。所以，为了表示我心中的感激之情，今天晚上，我将告诉你们我的理财智慧，这是关于黄金法则的五大法则。为了在漫漫长夜中，你们不会因为无聊而睡着，我会在讲述的过程中穿插一些故事，希望这些故事在带来趣味的同时，也能带给你们一些启示，相信我讲的这些故事你们之前从未听说过。

"如果你们能记住我所说的每一句话，并坚定不移地执行这些话，相信，在不久的将来，你们也能像我一样拥有让人羡慕的财富。"

各种各样的骗子

负责包扎货物的工头说道："我敬爱的卡拉巴布先生，之前您已经给我们讲过了很多故事。我非常期盼在我离开您之后，能够在您智慧的引导下过上幸福的生活。"

"是的，我给你们讲过很多关于我在遥远而陌生的国度冒险的故事。"

卡拉巴布说道，"但是，这个晚上与以往完全不同，今晚我给你们讲述我们巴比伦城第一富翁阿卡德的故事。相信他的故事，一定会令你们感兴趣。"

工头说道："我以前也听说过不少关于阿卡德的故事，毕竟他是巴比伦最有名的人，据说自巴比伦有史以来，他都是最富有的一个人。"

卡拉巴布说道："是的，正如你所知，阿卡德是整个巴比伦历史上最富有的人，这是因为他掌握了关于黄金的法则，而且将这些法则运用到了极致，可以说，再也没有人能比阿卡德先生更善于运用这些黄金法则了。今天我给你们讲的，绝对是你们从来没有听过的。这是诺马希尔——阿卡德的儿子讲给我听的。很多年前，当我还是一个年轻小伙子的时候，在尼尼微听诺马希尔讲的。

"当时，我的主人和诺马希尔正在谈一笔生意。在诺马希尔宫殿般的家里，我们因为交易聊到了深夜。在诺马希尔的家里，我们喝了一杯琼浆玉液，那味道让我终生难忘。

"按照巴比伦城的风俗，富家子弟应该与其富裕的父母住在一起，最终靠继承父母的遗产过日子。但是，阿卡德却与众不同。在诺马希尔刚成年的时候，阿卡德就将他叫到身边，对他说道：

'我的孩子，我当然期望你能继承我的财产。但是，你必须向我证明你有继承我全部财产的能力，以便我去世时可以放心地将财产交给你管理。所以，我要放你去外面的世界闯荡，你要用你的智慧去赚钱并赢得别人的尊重，我也能因此看清楚你到底有多大的能力。为了让你有个好的开始，我会给你两样东西。要知道，我当年可是没有任何依靠的，完全是白手起家。所以，现在你比当初的我具有更大的成功机会，接下来就看你的表现了。

'首先，我会给你一袋金子。如果你能够很好地运用它们的话，这袋金子就会成为你成功的基础，帮助你在将来获得巨额财富。

'然后，我会给你一块刻着我理财法则的泥石板。上面刻着的是我总结的关于黄金的五大法则，希望它对你能有所帮助，如果你能够认真学习上面的理财法则，它们将成为你所赚到的黄金获得安全和收益的有力保证。

'从今天开始算起，我给你十年的时间。十年之后，你要回到家里，我们一起来计算你在外面赚到的财富。如果你能够证明自己具备继承我的财产的能力，我就会立你为继承人。否则，我会毫不犹豫地将我的全部财产交给祭司们，让他们在我去世之后安慰我在天国的灵魂。'"

"于是，诺马希尔带着阿卡德给他的一袋金子和一块泥石

板，骑上他的马出发了。

　　"十年后，诺马希尔带着自己赚到的财产回到了家乡。阿卡德为儿子的归来摆下了丰盛的宴席。宴席结束后，阿卡德夫妇坐在大厅中像国王的王座一样豪华的宝座上，诺马希尔站在大厅中央，按照和父亲定下的约定，开始清点他十年来赚到的财富。

　　"那时幕色低垂，油灯散发出的烟雾弥漫了整个大厅。几个穿着白袍的奴仆，不停地用扇子扇开那些烟雾。大厅里有一种梦幻而又庄严的气氛。诺马希尔的妻子和他们两个年幼的儿子，以及参加宴会的亲友们都坐在诺马希尔身后的毯子上，期待着诺马希尔为大家讲讲他十年间的经历。

　　"诺马希尔毕恭毕敬地说道：'尊敬的父亲，我首先要为您给予我的智慧表示感谢。十年前，您让刚刚成年的我去外面的世界闯荡，争取成为一个受人尊敬的人。

　　'您当年非常慷慨地送给我一袋黄金和一块刻着您关于黄金法则的泥石板。而提起那袋黄金，真是一言难尽啊！坦白说，那一袋黄金我处理得太糟糕了。实际上，因为我没有任何经验，那些黄金全部从我的口袋里溜走了。'"

　　"阿卡德笑了笑，说道：'我亲爱的孩子，你把你的故事详细地跟我讲一讲。'"

　　"'我出发的时候就想好了去处——尼尼微城，因为那是一个新兴城市，我相信在那里一定找得到赚钱的机会。我用那些黄金入股了一个商队，而且我在商队里认识了不少朋友。其中，有两个朋友的口才非常好，他们还有一匹非常漂亮的马，它跑得像风一样快。

　　'在旅途中，他们告诉我，尼尼微的一个富翁也有一匹跑得非常快的马，从来没有遇到过对手。那个富翁对自己的马非常自信，并曾经许诺，不管多大的赌注，他都愿意让自己的马与前来挑战的马进行比赛。他甚至放言说他的马可以胜过巴比伦的任何一匹马。然后，它们告诉我说他们的马绝对能够赢过那个富翁的马。

'他们希望我与他们一起下注去赌马，他们说这是一个发财的好机会。我被说动了，于是同意了他们的请求。

'结果，我们的马输得一塌糊涂。而我的黄金就这样输掉了大半。后来我才明白，那两个所谓的朋友全都是骗子，他们和尼尼微那个富翁是一伙的，专门骗像我这样没有什么生活经验的人。我虽然最终看破了他们可耻的骗局，但失去的黄金却再也收不回来了。这是我吸取的第一个教训，即必须保护好自己的金子。

'但是，没过多长时间，我又遭到了一次沉重的打击，而这个打击可以说是致命的。在商队中，我还认识了一个和我年纪相仿的朋友。他自称也是一个独自出门闯荡的富家子弟。他的目的也是到尼尼微找个地方做点生意。于是我们一起上路了。在赶路的过程中，不知道他从哪里得到一个消息，说尼尼微的一个商人死了，所以现在那里有一个店面要转让。

'我们立刻赶到那个店面，确实很好，商品很多，客户也很多，最重要的是转让价格非常低。于是，那个朋友鼓动我和他一起合作，买下店面，但他说他手头没有现钱，必须回巴比伦取才行。所以，他恳求我先帮他支付他的那一半。我想了一下就同意了，因为在我看来，这没有什么风险，我们商定，用我的资金购买店面，而他从巴比伦带来的资金用来周转。就这样，他离开了尼尼微。

'但是，那个所谓的朋友一回到巴比伦就很久没有回来。每次我寄信让他回来，他都推三阻四地不愿意回来，虽然最终他回来了，但是又发生了很多事，这时我发现，他竟然是一个如此无耻的人，只知道无度地挥霍，最后，我只得将他赶出店面。

'但是，这时店面经营状况也变得非常糟糕，由于经营不善，货物根本卖不出去，后来我也没有资金进货了，店面面临倒闭。最后，我不得不将店面低价转让给一个以色列人。

'亲爱的父亲，之后的日子，我过得非常悲惨，简直是受尽了折磨。我在尼尼微城到处寻找工作，但由于我没有任何专业技能，所以没有一个地方愿意给我工作。最终，我把自己的马、衣服以及奴隶，全部卖掉了。用换来的钱买一些食物，找了一个可以休息的地方，勉强维持生计，但是，巨额花销却让我的生活越来越难熬。在那些日子里，我常常想起父亲对我的教诲。您期望我做一个优秀的、出色的人，我当然也希望能够成为你所期望的人，让您为拥有我这个儿子感到骄傲。'"

"听完诺马希尔的话，他的母亲心里非常难过，忍不住低声哭泣起来。"

关于黄金的五个使用定律

"'在最难熬的时候，我想起了您给我的那块刻着您的理财法则的泥石板。于是，我拿出泥石板开始仔细地研究您的理财智慧。当我弄明白上面的内容后，才恍然大悟，原来我的失败完全源于我不懂得理财。如果我能够早一点看您给我的泥石板上刻写的理财法则——关于黄金的使用法则的话，我相信我的钱就不会白白地流失了。于是，我废寝忘食地学习泥石板上的那些黄金使用法则，而且我下定决心，要通过自己的努力和智慧来吸引幸运女神的垂青，我要按照您的智慧指明的道路，不再放纵自己的冲动和鲁莽。

'为了让大家都能听到这样实用的理财智慧，我要郑重地为在坐的各位宣读父亲十年前教给我的理财智慧：

关于黄金的第一个使用定律

对于那些能够将自己收入的十分之一或者更多的黄金积累起来的人来说，他的财富会为自己和家人未来的生活做好充足的准备，黄金会源源不断地流进他的钱袋，而且会不断升值。

关于黄金的第二个使用定律

对于懂得如何理财的人来说，黄金会更忠诚地为他们效力，黄金在他们手上，会更好地体现出自己的价值。他们懂得如何使用黄金，并且让黄金像羊群一样不断地繁殖。黄金是这些人的奴隶，会忠诚地、勤奋地为他们赚取更多的黄金。

关子黄金的第三个使用定律

凡是那些谨慎保护自己的黄金，而且愿意接受他人的忠告而更好地运用黄金的人，黄金将紧紧地追随他

们，并竭诚为他们服务。

关于黄金的第四个使用定律

对于那些肆意将黄金投入到自己不熟悉的行业或者用途上的人，黄金将会悄悄地从他的钱袋里溜走，因为他们根本不懂如何使用黄金。

关于黄金的第五个使用定律

对于那些将黄金放到骗子的手上或者用在无法获得收益的项目上的人，或者不愿意进行学习就盲目地进行投资的人，黄金会很快离开他们，去寻找新的主人。

'这就是我父亲告诉我的关于黄金的五个使用定律。接下来，我将继续讲述我的故事，请大家通过我的故事来印证这些法则是否具有比黄金还要珍贵的价值。'"

"马诺达尔再次转向自己的父亲，说道：'刚才我说过，我因为冲动和鲁莽，让自己陷入了非常悲惨的境地。

'但是，诸神不会让厄运不会一直缠绕着一个人。所以，后来我找到了一份工作。我的工作很简单，就是管理一群在城外建造城墙的奴隶。这次，我严格遵守了黄金的使用定律中的第一条，每个月我都会将自己收入中的十分之一储蓄起来，而且，我从不放过任何一个存钱的机会，于是，我很快就积累起了一笔小钱。但是，由于日常开销很大，所以，我的支出仍然很大，而存钱速度远远没有我想象的快。那个时候，我最大的梦想就是在十年期限到的时候能够赚回父亲给我的那一袋已被挥霍掉的金子。

'某一天，我的命运发生了转变。当时已经成为我真正的朋友的奴隶总管对我说："我看你非常节俭，从来不乱花钱，我非常欣赏你这一点。你一定存了不少黄金了吧？"

'我回答说："是的，我不敢花钱，我最大的梦想就是通过慢慢地积累，能够挣回父亲给我的那一袋被我轻易挥霍掉的金子。"

'他说："看得出来，你是一个有雄心大志的人，我也非常喜欢你的人品。所以，我告诉你一个秘诀，你存起来的黄金能够为你赚到更多的黄金，你不能让它们呆在那里不动。"

'我说："我明白这种事实，但是，我曾经有过非常悲惨的经历，因为这个，我将父亲给我的黄金全部花完了，我非常担心投资再次出现问题，我害怕再回到那种悲惨的境地中去。"

'奴隶总管说："如果你肯相信我，我会指导你如何通过手中的黄金获利，我有一个非常可行的计划。你也看得到，用不了一年，外城墙就能完工。到那个时候，国王就需要建造城门，而建造城门无疑需要用大量的铜。建造这样庞大的门，就算用上尼尼微所有的铜都不够，国王现在还没有找到收集铜的好方法。那么，我来跟你说说我的计划：我准备征集一些投资者，将大家的钱集中在一起，然后委托一支商队去四处寻找收购铜。这样一来，只要他们能成功将铜运回来给我们，等到国王收集铜的时候，我们就可以把铜卖给他，而且，到时候国王给出的价格一定很高，所以我们一定能赚到很多钱。当然了，如果国王不肯出高价收购，我们的铜还是可以用平常价卖出去，这样也能保证我们获得一定的收益。"

'经过反复仔细的思考，我觉得他说的是一个非常不错的机

会，这也印证了黄金使用定律中的第三条：在拥有理财智慧的人的指导下进行投资。所以，最终我同意了这个朋友的计划，将自己积存下来的钱全部给了他。后来，计划完成得非常完美，我的那一笔小钱，也因为这次成功的投资，升值成为了一笔大钱。

'此后，我与这群人一起合作其他的生意，成为了他们中的一员。这是一群非常聪明的人，他们中的每个人都拥有理财智慧，在进行任何一项投资之前，他们都会非常谨慎地坐在一起进行商讨，他们从来不会鲁莽地投入资金，所以，他们也从来没有血本无归的投资，他们甚至从未把钱投在没有盈利的项目上过。他们对我过去种种盲目的投资行为，肯定非常不屑。因为他们是一群聪明的具有理财智慧的人，他们肯定一眼就能够看透我那些所谓的投资中的缺点和陷阱。当然，我从他们的经验和智慧中学到了很多，这可以说是我成长的开端。

'通过与他们的交往，我终于学会了如何让自己的钱以安全的方式来赚钱。经过几年的努力，我钱袋里的黄金越来越多，我终于拥有了属于自己的相对不算少的财富。最后，我不仅赚回来了十年前父亲给我的那一袋金子，而且赚到了比那要多得多的金子。十年间，我经历了不幸、坚持和成功，当一切都成过往，我再次回顾我父亲刻在泥石板上的理财法则时，发现它们就像真理一样照亮了我的前途。它们绝对能够经受住时间的考验，千真万确。我相信，对于那些掌握了这些理财法则的人，黄金会如流水般源源不断地进入他们的钱袋，并且像奴隶一样辛勤地为他们赚取更多的金子。'"

"说到这里，诺马希尔挥了挥手，站在他身后的奴隶抬出了三个箱子。诺马希尔手指其中一个箱子说道：'父亲大人，十年前您给了我一袋巴比伦的黄金，十年之后，我还给您一袋尼尼微的黄金，而且重量是相同的。我想，没有人会怀疑尼尼微的黄金没有巴比伦的黄金值钱吧？

'十年前，您还给了我一块刻着您的关于黄金的理财定律的泥石板，而旁边这两个箱子里的黄金，就是这块泥石板带给我的。如果没有这块泥石板的话，我也许到现在还在为别人打工，也许今天我能带给您的就只是您最初给我的那袋金子，甚至比那更少。

'尊敬的父亲，我用这两箱黄金证明了您的那些刻在泥石板上的理财法则，远比这些黄金更有价值。黄金的价值总是能计算清楚的，但这些泥石板上刻写的您的理财智慧，其价值是无法计算的。不具这种智慧的人，即使拥有再多的金子，最终还是会一无所有，而具备这些理财智慧的人，即使开始时没有黄金，最终依然能够获得很多黄金，并且永远地拥有它们，让它们为自己服务。

'尊敬的父亲，我今天能够站在这里向您讲述我的赚钱经过，让我感到无比自豪和骄傲。'"

"阿卡德高兴地抚摸着诺马希尔的头说：'我相信现在的你已经拥有了我教给你的理财智慧，能够有你这样的儿子来继承我的财富，我也感到非常欣慰。'"

永远有效的五大定律

此时，卡拉巴布停顿了一下，看了看周围的伙计们，然后才继续讲道："听完诺马希尔的故事，不知道你们的内心是否还平静如常。从诺马希尔的故事中，你们是否得到了什么启发呢？

"你们谁曾经向自己父亲或者岳父请教过理财之道？或许，你们的父亲或者岳父曾对你们说：'我闯荡过很多地方，也学会了不少知识，很努力地去赚钱，也的确赚到过不少钱。但是，唉！现在，我却一贫如洗，我赚来的钱，有些花费得非常明智，也有一部分花得非常愚蠢。但是，因为不懂理财而失去的钱却是最多的，我眼看着那些钱就像手中的水一样，从指缝间流走了。'

"如果现在你依然坚持认为，有的人能够拥有巨额的财富，完全是因为运气好，而有的人一无所有，则完全是因为厄运的困扰，那你们就完全错了！

"对任何一个懂得黄金使用定律的人来说，只要他能够认真而执着地将这些定律付诸于实践，就一定能够拥有大笔财富。这才是获取财富的真正秘诀，切记，任何人的幸运都是建立在辛勤和智慧的基础上的。

"感谢诸神的恩赐，在我年轻的时候，因为一个偶然的机会，让我学会了关于黄金的五个使用定律，所以，我成为了现在的这个富有的商人。

"俗话说得好：'财富来得快，去得更快。'财富只能由积累而来，真正的财富是执著的信念和永恒的智慧的结晶。

"其实，对于任何一个懂得理财的人来说，积累财富都是很轻松的一件事。只要能够承受住时间的洗礼，终有一天，他们会完成自己的财富梦想。

"关于黄金使用的五个定律是神赐给我们的无价之宝，任何学会这五个定律并肯坚定不移地去执行的人，都会得到神赐予的财富。"

"或许，你们认为我所讲的故事仅仅是故事而已，并未放在心上，因此，我要为你们重新分析和讲解一下关于黄金的五个使用定律。"

"关于黄金的第一个使用定律。

"对于那些能够将自己收入的十分之一或者更多的黄金积累起来的人来说，他的财富会为自己和家人未来的生活做好充足的准备，黄金会源源不断地流进他的钱袋，而且会不断升值。

"无论是谁，只要他肯将自己收入的十分之一坚定不移地储存起来，并且进行合理地投资，就一定能够赚取令人羡慕的财富，从而保证在晚年自己和家人的生活没有任何压力。黄金都甘愿为做到第一条定律的人服务，这是我实践了多年之后印证出来的。当我积攒下的钱越来越多的时候，它们也为我赚来了越来越多的钱。而我赚来的利息又为我不断地创造收入。就这样，赚钱成了滚雪球，越滚越大，甚至停不下来。这就是第一条定律带给我的启示，也是第一条定律的魅力所在。

"关于黄金的第二个使用定律。

"对于懂得如何理财的人来说，黄金会更忠诚地为他们效

力，黄金在他们手上，会更好地体现出自己的价值。他们懂得如何使用黄金，并且让黄金像羊群一样不断地繁殖。黄金是这些的人奴隶，会忠诚地、勤奋地为他们赚取更多的黄金。

"对一个拥有理财智慧的人来说，黄金就是他的奴隶，而且是一个忠诚且勤奋的奴隶，它会抓住每一个机遇来为你赚回更多的黄金。对于任何一个拥有黄金的人都一样，只有合理地投资才能发挥出黄金的最大价值。随着时间推移，你会在不经意间发现，原来你的财富竟然在神奇地增长，你的财富居然在不断膨胀。

"关于黄金的第三个使用定律。

"凡是那些谨慎保护自己的黄金，而且愿意接受他人的忠告而更好地运用黄金的人，黄金将紧紧地追随他们，并竭诚为他们服务。

"作为一个忠诚的奴隶，黄金会一直追随着谨慎地使用它们并好好看守它们的主人，同时，黄金还会很快从那些没有好好看守它们的主人钱袋里溜走。那些懂得向有理财经验的人请教的人，不仅能够看守住自己的黄金，他手中的黄金还能不断增值，从而获得更多财富，并且享受这些财富带给他的美好生活。

"关于黄金的第四个使用定律。

"对于那些肆意将黄金投入到自己不熟悉的行业或者用途上的人，黄金将会悄悄地从他的钱袋里溜走，因为他们根本不懂如何使用黄金。

"那些拥有很多黄金但是不懂得进行合理投资的人，眼中有很多赚钱的方法，而同时，这些赚钱方法中也蕴含着很多风险和陷阱。如果他们及时向专家或者善于理财的人请教的话，那么就能避免血本无归的风险。

"关于黄金的第五个使用定律。

"对于那些将黄金放到骗子的手上或者用在无法获得收益的项目上的人，或者不愿意进行学习就盲目地进行投资的人，黄金会很快离开他们，去寻找新的主人。

"对于那些刚刚拥有了很多黄金的人来说，一定会有很多人给他们提供投资建议，这些人会不停地鼓动他去进行投资，而这些投资大多都像冒险故事一样充满了风险。在遇到这种情况的时候，你就一定要留意了，但凡一个拥有理财智慧的人都会明白，任何一个可以使人一夜暴富的计划，都必然充满了风险，所以投资前一定要慎之又慎。

"无论是尼尼微还是巴比伦的富翁，也不管他们的财富有多少，他们都肯定不会冲动地投资于一个没有任何收益的项目，因为这样会让他们的资金被套住，难以解脱。他们当然也不会把自己的黄金放在那些投机项目上，对于那些看似能给他们带来大笔黄金收益的项目，他们肯定会先谨慎地估计本金的安全性，而不是先去计算利润，所以，他们永远都不会血本无归。保证资金的安全是投资的最基本法则。如果你无法确保投资安全，那么你就应该把黄金安安稳稳地放在口袋里，并将他们看好，否则，你的黄金就可能像流水一样从你的口袋里流出，而且永不回头。

"关于黄金的五个使用定律我已经全部给你们讲完了。实际上，在讲述这些故事的同时，我已经将我自己的赚钱秘诀告诉了你们。当然，这些秘诀绝不是简单的秘诀，在你们学会它们之后，一定要付诸行动，相信等你们能够运用自如的时候，就不会再像野地里的那些野狗一样担心明天的食物了。只有能够充分利

用起今天的钱，让它们为你赚来更多的钱，将来你就能够享受舒适的生活了。

"明天早上，我们就要到巴比伦城了！你们看，那财富之城正在向我们招手呢，遍地是黄金的巴比伦城一直在期待着我们的到来，贝尔神殿顶上的永恒圣火已为我们照亮前进的路途！

"明天早上，你们每个人都会从我这得到一笔数目不小的黄金，这是你们辛辛苦苦为我工作一年换来的，是你们应得的。只是，不知你们想过没有，从这个晚上开始，到十年之后，你们手中的黄金会变成什么？是增多了还是减少了？或者你像一个守财奴一样让你的金子从来没有流动过？

"如果你们当中有人愿意向诺马希尔学习，用自己的黄金黄金进行一些可靠的投资，你就很可能走上致富之路。同时，我也希望你们能够认真地学习阿卡德的理财智慧，避免做出使自己血本无归的投资决定。这样，十年之后，你就一定能成为像诺马希尔那样受人尊敬的富人。

"而如果，你们忽视阿卡德的忠告而进行盲目的投资的话，那么，追随你的则一定会是厄运和痛苦，这样，最终你们必将一无所有。关于黄金的五个使用定律是你们应该一生牢记的，要让它们时刻提醒你，这样才能使你避免与机会失之交臂，也避免在年老时后悔莫及。只要能够牢记并运用这些定律，相信你一定能享受到美好的生活，并成为一个受人尊敬的富人！

"巴比伦是一个拥有数不清的黄金和珍宝的财富之城。任何一个人，在巴比伦城，只要肯努力，肯辛勤工作，不需要多长的时间，他就会变得更加富有，也会拥有更大的满足感。这就像田地里的庄稼一样，只要你辛勤地浇水、施肥，就一定能在秋天获得丰收，你也自然会从中体会到得到回报的快乐。"

百万富翁的致富哲学

第一章

人人都能成为富翁

渴望致富是一种相当完美的权利，你本应渴望成为有钱人；一个负责的男人或者正常的女人绝不会抗拒这样的权利。

——财富箴言

在我们的周围很多人标榜自己的贫穷，使自己显得很清高，不会为金钱放弃高贵的人格。不论有多少赞美贫穷的言论，我们都不得不承认一个事实：没有财富作为强大的后盾，一个人就无法过上真正幸福美满的生活。没有足够的钱财，人也不可能在天赋和精神方面达到人生的顶峰；因为天赋和精神方面的发展要求他的经历必须足够丰富，没有金钱作为保障的话，他无法完成如此多的经历。

我们知道，现实经济社会，要让一个人在心智、灵魂和身体方面都得到全面发展，就必须以充实的物质资源作为基础。凭空臆想无法解决现实问题，只有拥有金钱才能让我们更好地发展，因此，富有是人类进步的基础。

万事万物都在生存和发展，每个物种都有权利来全面发展它所具备的能力。

人类生活的权利则表现在他是自由的，并且可以无限制地使用世间万物，这些事物能帮助他全面的发展他的心智、精神以及身体。每个人都想衣食无忧，都想追逐自己的梦想，渴望实现自身的价值，每个人都拥有与生俱来的权利让自己得到全面的发展，而全面的发展必须以物质为基础，而拥有物质的多少是由金钱来衡量的。追求物质就等于追求金钱，追求金钱也就是追求一种全面发展的人生，因此追求富有是人与生俱来的权利，这种权利是不可剥夺的。

　　本书不以一个人拥有金钱的多少来衡量他是否富有，真正的富有不仅是对金钱、物质资源的满足，我们应该扬弃掉对富有的这种狭义理解。

　　追求进步，拥有自由无忧的生活，这是人类的天性。每个人都应把所有的精力用以增强这种力量，从而过上衣食无忧、自由自在的美好生活。任何低于这个标准的想法都是不可取的。

　　在现代生活中，一个人如果缺乏金钱，就不能拥有他梦寐以求的东西，而富有则能让他具备去拥有这其中能够获得的东西的能力。人类的生活质量在迅速提高，变化与日俱增，一个普通人想要在一个相对比较幸福的环境中生存，也需要大量的财富作为基础条件。每个人都希望成为理想中的那个人，这种期望是与生俱来的。我们情不自禁地想达到我们所能够达到的高度，成功是我们生命中最渴望的。只有当你充分利用这一切时，你才能做你想做的事，而如果你想自由地使用它们，那只能是当你能够拥有它们的时候。因此，一切知识最本质的东西是致富的科学。

　　对财富的渴望就是对一种富足、丰富的生活的向往，这并无过错，并值得褒奖，而那些不愿过更好生活的人是不正常的。同样的道理，不愿意花足够的钱来购买他所想要的东西也是不正常的。

　　我们生活的主要动力来自三个方面的和谐发展：健康的体魄、健全的心智和愉悦的灵魂。我们为自己的身体而活，为心智而活，为灵魂而活。脱离了任何一个都不行，三者相辅相成。只为灵魂而活的人是不高明的，这无异于沙中建塔，岌岌可危。而只为心智而活，拒绝肉体或灵魂的人也是错误的。只为肉体而活

的人，否定心智和灵魂的健全，结果会非常糟糕，将遭到强烈的谴责。因此，美好的生活来源于三者的和谐发展，无可舍弃，不能偏颇，只有这样我们才能得到真正幸福美好的生活。

如果不能得到好的食物、舒适的衣服和温暖的居所，而且无法从繁重的劳动中解脱出来，那还算生活得幸福吗？因而轻松的娱乐与丰富的物质，对我们的生活同等重要，缺一不可。

如果没有书籍可供阅读，没有时间来学习，没有机会去旅游开阔眼界，或者又没有聪明而有见识的朋友一起交流思想，我们的精神生活又怎么能充分得到发展呢？

要想得到心智方面的发展，人就必须有智力娱乐，而他的周围必须有可欣赏的艺术与美学范畴的事物相伴。

人们也需要有爱，以使灵魂得到充分的自由和安宁。爱是可能被贫穷所阻碍的，贫穷甚至会损害我们爱的能力。

活在这个世界上，人们最大的幸福是给他所爱的人提供帮助，在爱人、亲人和朋友有所需求时能够力所能及地提供援助。无偿的付出是爱最真诚最自然的表达。这种付出在于精神以及物质，作为一个丈夫、一个父亲、一个市民或者一个男人，如果没有什么东西可以给予，也没有什么能力可以付出，他就是不称职的。我们由此明白一个道理：只有富足，一个人才能去强健他的体魄，开启他的心智，安抚他的灵魂，人才能得到全面的发展，人才能过得像真正意义上的人。从这方面来说，成为一个有钱人，是至关重要的。

渴望致富是一种与生俱来的权利，你本应渴望成为有钱人，一个负责的男人或者正常的女人绝不会抗拒这一点。对致富之道我们应该倾注最大的热情，并给予最大的关注。在所有的学问中，最好并且最值得研究的一门学问就是致富之道。忽略它，你会忽视做人的责任、忽视对上帝及人类的义务；这不仅仅是在遗弃自己，而且是在遗弃上帝以及整个社会。因为一个人使自己变得更为出色，是他对社会和他人最大的贡献。

第二章

致富的学问

发财不是因为他们拥有别人没有的才能和天赋，而是因为他们巧妙地按照财富运作的规律做事。

——财富箴言

　　人们迷恋富裕，心生向往。那富人是如何致富的呢？怎样才能获得财富呢？有没有致富的捷径呢？答案是，确实存在科学致富的哲学，并且还是相当精密的科学，就像代数和算术有它一定的定理、公式一样。有一些法则在支配如何获取财富，任何人只要掌握了这些法则，他就可以通过这样的捷径来获得财富。

　　所有获得财产和货币的人都是遵循特定致富途径行事所得。科学调查结果表明：按照特定致富途径做事的人，不管是有意，还是出于偶然，他们最终都能成为富人；而不按此途径做事的人，不管付出多大的努力，也不管他们多么有能力，最终依旧贫穷。

　　依照自然法则，种瓜得瓜，种豆得豆。世人只要按这种途径去致富，便绝对不会失手。

　　结论是真实的，为了让你信服，我们再列举以下佐证：

　　致富不受环境影响。很多人认为环境会制约致富。如果真是这样，那在同一个特定区域的人都应该是富人或者都是穷人。而现实并非如此，某城市的人富了，而附近城镇的人依然穷困；某国所有国民都富得冒油，而毗邻的国家却积贫积弱。

　　贫穷与富裕在相同的环境里如影随形，在同样的状况中相伴出现，当两个人处于同样的位置，做着同样的业务，却有截然不同的结果：一个人发财，而另一个人却贫穷。这就表明财富首先不取决于外部环境。

优越的外部环境可能会更有利于人们致富，但是当两个人都处在同样的境地，有着同样的业务，却产生了贫富区别，这表明，致富的关键是由做事的特定路径决定的。

富裕与否和人的天分高低无关。很多人这样认为，智商高的人比智商低的人更容易致富，因为他们能更好地理解和运用致富的法则和规律。在此我告诉大家，这纯粹是不合理的想法，我们所熟知的大多数富豪几乎都没有受到过完整的教育。只要我们有普通人的智力水平，我们都可以致富。在研究怎样让人们致富的问题上，我们也发现，那些富豪并没有过人的天分和能力。显而易见，他们能发财不是因为他们拥有别人缺少的才能和天赋，而是因为他们巧妙地按照财富运作的规律做事了。

节俭并不能使人富裕。经常有人说，节俭能让人富裕，而且节俭也被许多民族奉为美德，千古流传。不可否认，节俭的确有很多优点，但唯一的缺点是它不能让我们过上富足的生活。许多吝啬的人节衣缩食却依然贫穷，而那些发财的人虽挥金如土却依然富有。这说明节俭并不是致富的有效手段。虽然在穷困的时候我们要节俭，但决不要妄想通过节俭来过上富足的生活，要想致富必须得按照致富的规律做事！

致富也不是让别人做那些力所不能及的事。根据上面的例子，两个人都有同样的事业，经常做同样的事情，而他们的命运却是一个人发财而另外一个人依然贫穷甚至破产。

从所有这些情况来看，我们可以总结为致富在于你确实是按照特定的财富路径来运作。否则，即使你有通天的本领也无可奈何。

在此需要澄清几个问题：

就像"种瓜得瓜，种豆得豆"一样，每个人都是可以致富的，致富是按照特定的财富路径运作的结果，这整个过程都是由精密科学控制的。

第一个问题，似乎这个方法是如此之难，以致只有几个人做得来。

这是不可能的。一切都是我们力所能及的，正如我们所看到的一样。天才可以致富，傻子也可以发财；有文化的聪明人可以，没受过教育的笨蛋也可以；身体强壮的人可以，身体瘦弱的人同样也行；一些才高八斗的人可以读懂可以理解，而才能平庸之人依然能看得懂。任何一个男女只要识字，都可以理解这些文字，并按照之前所述的方法找到财富的大门。

其次，我们认为环境不是富裕的决定因素，然而，具体问题仍需具体分析，特定的环境也有特定的意义；但是期望深入撒哈拉沙漠腹地找到财富的行为显然是不可取的。

致富还包括处理人与人之间的关系、人与周围事物的关系的必要性。假如这些人都倾向于按照你预期的方式去做事的话，那就再好不过了，因为这表示你适应环境。

假如你所居住的城镇里有人致富了，那么你也可以做到；假如在你的国家里有人致富了，那么你也可以做到。

再次，在任何一项事业上，任何一个职业里，人们都可以致富，致富并不取决于他们选择了哪种特殊的事业或职业。在相同的条件下，他们的同事有可能依然深陷贫穷之中。

在你感兴趣的领域，因为该领域跟你的性格相吻合，你就会尽你最大的努力把事情做好，这种做法是对的；假如在该领域中你的天赋得到了很好的发展，你会做得更好。

　　当然，你也要在适合你才能的位置上，尽你最大的努力去做得更好。在温暖的地带经营一家冰激凌店比在格陵兰岛上收入要多得多；在佛罗里达比不上在西北部卖鲑鱼卖得好，因为那个地方不产鲑鱼。

　　但是，除掉这些普通的限制以外，获取财富并不是仅仅依靠你在特殊的事业上的努力，更重要的是在于你学会遵循的一种方式。假如同样是在经营公司，其他处在与你相同位置的人发财了而你却没有，为什么呢？因为其他的人按照这种致富方式行事，而你没有这样去做。

　　致富与资金短缺无关。在你拥有资金的条件下，财富的增长会变得更快更容易；但是一个人拥有了资本，就他本身已经是个有钱的人了，他并不再需要考虑怎样去致富了。假如你能按照这样的方式去做，不管你以前怎么穷，你都会开始变得有钱，并且你也将拥有资本。资本的获得也是你追求财富过程的一个部分，并且也是始终不变坚持按照那种方式做事的结果的一部分。你也许负债累累，是这个国家最穷的人；你也许没有朋友、没有关系、没有资源；但是，如果你从一开始就按照这种致富方式行动的话，你绝对已经开始赚钱了。根据种瓜得瓜的道理，假如你没有资本，你就去赚到资本；假如你正处在事业的低谷，你就转败为胜；假如你处在不恰当的位置，你就想方设法找到适合你的位置。按照这种引向成功的方式去做，你就会摆脱厄运，踏上成功之旅。

第三章

致富机会无处不在

上帝是公平的，这扇财富大门对你关闭
了，必然会对你敞开另外一扇致富之门。

——财富箴言

财富的秘密

　　如今越来越多的人正在变得富有，而那些致富前途尚不太乐观的还没有致富的人，认为那些富人瓜分完了世界上仅有的财富，认为许多致富的行业也都已经被垄断，随之觉得剩下的少得可怜的机会也轮不到自己了。然而事实却告诉我们，任何人都不缺少致富的机会，财富也不会因为富人的垄断而不光顾穷人。当然，我们也许会被某些行业拒之门外，但上帝是公平的，这扇财富大门对你关闭了，必然会对你敞开另外一扇致富之门。

　　举个例子，对我们来说，要想在高度垄断的铁路运输上做得出色是很困难的，但是我们可以看到，电气化铁路运输的运行正如火如荼，这给我们提供了很多致富的机会。因此，我们终会有希望大展拳脚的。而且航空运输在未来的几年里也会有长足的发展，而这一行业及其附属的分支部门也会有数不清的就业机会提供给我们。我们为什么不将致富的目标转向电气化铁路运输或航空运输呢？我们根本没有必要同那些蒸汽时代的铁路巨头竞争。

　　如果我们是钢铁托拉斯企业的普通员工，那么在这个行业里想要获得自己的股份非常困难，但如果我们按照特定的路径开始行动的话，就会摆脱钢铁托拉斯的束缚，很快拥有自己的一份产业。我们可以买上几亩地，经营有关粮食、食品方面的生意。只要我们辛勤劳作，一定会拥有很好的致富机会。对此也许你又会提出反对的理由，比如土地很难买到。

但我可以向你保证，买土地不是没有可能的，如果你能按照特定的方法去做，你一定能够得到你中意的土地。

不同的历史时期有不同的致富机会，因为社会是不断发展变化的，我们的需求也随着社会的发展相应地发生着变化。所谓机会改变命运，不同的机会将人们推向不同的地方。也许今天的机会是在农业上，可能明天就在工业、商业上了。总之，那些顺应历史潮流的人们才会拥有这些机会，而逆流而上的人总是与机会无缘。

因此我们可以得出这样的推论：对那些还在穷困境地挣扎里的穷人来说，不管是个体还是整个群体，都没有被剥夺致富的机会。他们并不会因为老板的剥削而受穷，也不会被托拉斯和财阀们践踏而在最底层受穷。作为一个群体，他们之所以处于贫穷境地，可以说完全是因为他们没有按照特定路径做事的后果。

比如，如果目前美国的工人选择按照特定的路径做事，他们就会像比利时等国家的工人一样，创建庞大的百货超市或联合企业，使他们推举的阶级代表进入政府，制定出一些有利于本阶级这类合作企业发展的法律。几年以后，他们就可以建立自己的发展领域，以和平的方式保护自己财富的增长。

我们要强调一下：只要按照我们的特定路径做事，财富的规律就适用于所有人。每一个想要与财富为伍的人，都应该抛弃陈旧的思维习惯和无知理念，挣脱这些古老教条对自己的束缚，顺应时势的发展潮流，敢想敢拼，将自己的创造力发挥至极限，努力去探寻致富之路。

人人都有致富的机会，这是因为财富的供给是无穷无尽的，这个因素很重要。

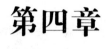

第四章

让生命更充实

从本质上来说对财富的渴望就是人们追求生命的更完美——发展与实现自我。

——财富箴言

　　你一定得根除这种陈旧腐朽的思想：每个人都应该安于贫穷，只有在贫穷中你才能更好地侍奉神灵，这也是神的旨意。这是多么愚昧可笑的思想，它与我们的生命本质是南辕北辙的。我们一定不要让这种思想控制了我们的行为。

　　当一粒种子掉进泥土里，它便开始了它的生命之旅，发芽、成长、孕育成千上万个后代。生命就是以这种方式繁衍后代，使种群得以延续。

　　智慧也遵循同样的生长法则。每一个新的思想都是由一个旧的思想所开启，因此，我们的思维被不断地拓宽、加深。我们所了解的每一个事物的本质都会帮助我们发现另外一个事物的本质，因此我们的知识不断增长。我们所学会的每种才能都会帮助我们获得另外一种才能。面对快节奏的生活，不断去寻求更多的生活方式，就会让我们知道得更多、做得更多、成就得更多。

　　为此，我们必须行动起来，不断地探求、努力、超越，而这一切的前提都要求我们必须富裕起来，也只有这样，我们才能富裕起来。

　　人们对财富的渴望从本质上来说就是追求生命更完美的过程——发展与实现自我。一份努力就是一个渴望，它将潜能转化为现实。

　　每个人的内心都隐藏着一份渴望财富的本能，它有着同万物生长的一样的力量，一旦被激起，就有无穷的力量驱使你去不断地寻找财富。有这份原始物质存在你体内，你就可以勇敢地索要你向往的东西了。

你的致富也是上帝的渴望，他需要你拥有丰富的物质来回报他的恩赐，他也能从中更好地表现他自己。假如你有着无限的生活方式，他也就有更多的生活方式。

拥有一切你想要拥有的，这是万物渴望。

自然是你计划的好帮手。

每一个事物天生是为你准备的。

这一切都是真的，不用迟疑了，下定决心吧！

值得提醒大家的是，务必协调好你生活的各个方面。

你必须懂得生活的真谛，生活不是简单的物欲的满足，而是各个方面的协调发展。也就是说，生活就是身体、心智、灵魂等各个板块之间的协调，过度放纵任何一部分都是不可取的。

首先，不要为了肉欲而致富，因为那不是真正的生活，只是动物的本能而已。当然，身体的需求也是生活的一部分，没有人能完全拒绝或否定身体正常的健康的需求。

其次，不能只为追求单纯的精神享乐，获得知识、实现勃勃的野心、同别人攀比、出名，所有这些都只是正常生活的一部分，但是这样片面的生活没有人会觉得快乐。

最后，大家必须明白一点，你致富的目的不是为了其他人的利益，不是为了拯救人类而去放弃自己的一切，不是为了得到施舍、牺牲、奉献的快感。灵魂的愉悦是生活的一部分，但单纯地去追求，不会比其他部分更好或者更崇高。

致富能够使你享受完美人生。在你饥饿的时候，能享受美味

的食物；在你干渴的时候，能喝上甘洌的泉水；在你困倦的时候，能自如地放松自己。你还可以有娱乐、有精美的物品，并且有机会满足，一切都可以得到满足，也能够为探寻真理的事业贡献自己的绵薄之力。

但是要记住，过份的利他主义和利己主义都是错误的，两者不存在哪个比哪个更好、更崇高。

有一种消极的思想认为，上帝需要你为其他人牺牲自己，才会给你他的恩惠。这个想法是错误的，上帝没有这样的要求。

真正最好地帮助他人的办法是：人人都要充分发挥自己的能力，只有让自己足够强大、富有，你才能帮得了别人，才能更有利于这个社会的发展。

因此，你必须要消除竞争的思想，你没有必要同别人竞争已有的财富，你完全可以自己创造财富；无须从别人那里抢夺财富；无须对别人实施欺诈勒索；无须对别人进行诱骗、利用；无须从雇员身上巧取豪夺。

不必垂涎别人的财富，因为，他们拥有的你也能够拥有。

你要相信，你应该成为一个创造者，而非竞争者，只要遵循创造致富的法则，你一定能得到你想要的财富。而且，在你得到财富的同时，也能让其他的人得到更多的财富，因而整个人类社会也会因你的创造而发展壮大。

据我所知，在这个世界上确实存在着这样一些人，他们使用了与创造致富完全背离的方式，去敛聚大量的钱财。对此，我想说明：那些通过竞争致富的富豪，在有意和无意间与社会的运动规律巧合，客观上讲，他们的活动有助于人类社会的发展。比如，通过工业革命，洛克菲勒、卡耐基、摩根等人，使得工业生产更加系统化和组织化，最终极大地改善了人类的生活，推动了人类社会的发展。然而，他们的历史使命随着社会的发展，快要结束了，他们的时代快要终结了。他们虽然推动了大规模的社会化生产，却也给自己找好了掘墓人，最终取而代之的将是孕育在工业化大生产中的新生力量。

这些身价亿万的犹如史前怪物的富豪，虽然他们在进化的过程中发挥了必要的作用，但是，产生他们的力量最终也会消灭他们。

通过竞争得来的财富，既不会使人得到真正的满足，也不会保证这个人能够长久拥有。在竞争致富的情况下，财富并非是静止不动的，它今天也许是你的，明天也可能是别人的。记住，我们必须完全抛弃竞争的意识，运用科学的方法来致富，一刻也不要认为财富的供给是有限的。我们不要认为所有的财富都被别人所占有，自己必须全力去夺取。如果被这种想法所控制，我们就陷入了竞争思维的模式中，我们的创造力就会因此受到限制，创造致富的可能性将不复存在。

即使知道世界上有无数的金子，我们也没有必要同别人争夺。假如没有这些金子的话，说不定你会创造更多能够满足你需求的事物。

即使知道你需要大量的钱财，也永远不要将眼光放在现成的财产上，还是把你的注意力投向未来所能创造的无限财富中去吧。要知道，财富正大踏步地向你走来，如同你接受它和运用它那样快。没有人能垄断现有的钱财，没有人能阻止你致富。

一刻也不应该存在这样的想法：假如你不及时行动，在做好盖房子的准备之前，所有好的地段很快就会被瓜分一空。永远不

要担心，没有人会阻止你想要得到的。

这些情况都不会发生，因为你不需要抢夺属于他人的东西。你通过自己的创造力来创造你所需要的东西，而这样的财富是无限的。

第五章

让财富奔向我们

你给予他人的，应该多于你从别人那里得到的，这在短期内可能有点吃亏，但是从长远来看，却是我们致富的法宝。

——财富箴言

　　我曾经说过，你不必靠坑蒙拐骗的手段从别人那里获得财富。当然，我的意思不是说让你从根本上去否定这样的方法，与客户打交道的时候，必要的"讨价还价"艺术也是需要的。我的主张是，你在与别人做交易的时候不能有失公允，不要企图通过不法手段来谋取钱财，不要幻想空手套白狼，你应该给予他人的比你从别人那里得到的多一些。这样做，在短期内看起来有点吃亏，但是从长远来看，却是我们致富的法宝。

　　在商品交易市场，你从客户那里得到的绝对不比你所给予的货币价值少，这就是等价交换原则。但是你可以给予客户更多的使用价值。就拿这本书来说吧，这本书的纸张、油墨以及其他原材料，这些成本总共加起来也许也不值你所为它花费的钱，但是，这本书提出的致富的哲学，确实可以给你带来成千上万的钞票。因此，你不必抱怨出版商赚了你的钱，他们给予了你巨大的使用价值，而你只不过是付出了少量货币而已。这样的交换是合理的。

　　假设我有一幅出自著名艺术家的画，它在任何一个文明国度里的价值都不低于千万美元。我把它带到巴芬湾，通过天花乱坠的推销术，唆使一个爱斯基摩人同意用一捆价值五百美元的兽皮交换这幅名画。虽然，这个价钱比文明国度的要低得多，但是，对于爱斯基摩人来说此画毫无意义，因为在他的世界里根本用不上这幅画。从一定意义上说我是把这个爱斯基摩人骗得够惨，因为这幅画对他来说毫无使用价值，对他的生活也没有带来任何帮助。

但是如果我用一杆价值五十美元的猎枪去换取他的那捆兽皮，这个交易对双方来说应该是公平合理的。对爱斯基摩人来说猎枪非常有用，他可以用它来获得更多的兽皮和食物，也可以因此改善生活，甚至使他变得富有起来。

在进行交换的时候，你应该给对方比所得的货币价值还要多的使用价值。实际上这样做，就是通过每一笔交易在为整个人类社会的生活增加财富。

如果你经营一家企业，你必然会给员工开出低于他的劳动所得的工资，同时你可以通过积极有效的组织和管理，建立起积极的奖励机制，让员工从中获得非物质的利益。每一位希望进取的员工都能在每天的工作中得到进步、提高，这样一来他就得到了比工资更有意义的东西。

你可以像书里教导的那样，把你的企业经营成为一个既丰富自己、又提高员工能力的阶梯，给每个人充分的机会。假如他不求上进，那也不是你的过错。

假如你想要一台缝纫机，但不想采取任何行动，只是将这个想法停留在思想层面，那么即使你在心里喊上一千遍缝纫机，不论你对它的渴望有多么地强烈，那缝纫机也不会因此自动出现在你面前。事实上，你应该在心中牢记这个愿望，并且将其付诸于积极的行动中去收集信息，准备好资金，与厂家取得联系。

只有在你的愿望和行动的双重作用下，才会将缝纫机一步一步带到你身边。哪怕你住在缅因州，也会有一位来自德克萨斯州

的商人甚至来自日本的商人同你做生意，将缝纫机卖给你。

因此，在这样的交易过程中，商人收获了他的利润，而你也得到了你想要的东西。

因此，你能在你房间里拥有一台缝纫机，你也可以拥有别的你想要的东西，它们能够用来提高你和其他人的生活质量。

所以不必犹豫，不必怀疑了，耶稣说："上帝乐意恩赐你一座王国。"

只要你过上丰富的物质生活，生活得更好。

我曾经见过一个坐在一架钢琴边的小男孩，他徒劳地想弹出一首优美的曲子。但是因为对弹奏的无知，使得他非常伤心和恼怒。我问他为什么苦恼，他说："我觉得我已经懂了这首曲子，但是我却无法把它弹出来。"这首曲子表达出一种强烈欲望，这种欲望与行动结合起来，就有实现生活中一切愿望的可能性。

对于老是停留在陈旧思想里的大多数人来说，比较难办的一点是他们以为只要坚守贫困就能更好地侍奉上帝。他们认为贫穷是自然的本质，认为一切都由上帝安排好了，大多数人必须待在贫困中，因为他们还没有资格走出贫困的境地。困于这样的思想，每个人都觉得追求财富是非常可耻的，只要多些谦虚，就足够使他们心安理得。

我再举个学生的例子，他想要实现心中所设想的蓝图，因此他的创造性的思维就开始发挥作用。他是个非常穷困的人，住在租来的房子里，没有什么积蓄，维持生活的方式是每天都去打工，他不能抓住所有财富在他身上体现的本质。因此，对这件事考虑良久之后，他决定提出一些合理的要求，在他最好的房间的地板上配上一块新的地毯，在寒冷的冬天准备用来烤火的无烟煤炉。这些都应该是必需的。几个月后他按照计划得到了这些物品。他要求得不多，但这次的成功，让他想得到更多东西。他环顾所住的房子之后，计划出了所有他喜欢的东西，他想在这里开扇窗，那里开扇门，直到在他脑海里浮现了理想的房子为止，之后他又计划买家具。他开始以一种特定的方式生活着，为了心中的整个蓝图，他朝着想要的方向前进。之后他确实拥有了自己的房子，跟他想象中那个房子一样。现在，他有了更大的愿望，他想得到更多的东西。从这个例子来看，不仅你也可以这样，我们所有的人都可以这样。

第六章

感恩法则

心怀感恩，我们的思想将会与世界上所有美好的东西产生共鸣，将它们吸引到我们身边来。

——财富箴言

在前面几章里，我曾经同大家谈到过：致富的第一步是将你的致富愿望付诸行动。为了实现你致富的目标，你必须同社会保持和谐的关系。

对于想要致富的人来说，同社会保持和谐的关系是一件非常重要的事情。在这一章里我将要讨论这个问题的重要性。

为了实现这种和谐，人类精神的调试和心态的调整是必不可少的过程，而这个过程即：心存感恩。

许多以其他生活方式生活的人们，由于缺少感恩之心，依然保持贫穷。为什么会这样呢？因为他们得到了别人的礼物之后，缺乏必要的感恩之心，切断了与对方的联系，从而失去了致富的良好时机。

这是很好理解的，离财富之源越近，我们就能获得越多的财富。同理，比起那些没什么感恩之心的人，我们越感恩，得到的财富也就越多。

当美好的事物被带到我们身边的时候，我们要心存感恩；当我们收到越多美好的东西，我们就越应该抱有感恩之心，这样做的话，带来美好事物的速度也就更快。心存感恩，我们的思想将会与世界上所有美好的东西产生共鸣，将它们吸引到我们身边来。

心存感恩这个思想能够把你整个的心态同整个社会联系得更

紧密、更和谐，假如这对你来说比较难以接受的话，那你应该看到这是千真万确的事实。因为这些遵循了特定的规律和法则而来到你身边的财富已为你所拥有，感恩之心将引导你的思维沿着财富到来的途径前行，这将使你与创造性致富的思想和谐发展，从而使你免于陷入竞争致富的泥淖中。

感恩之心使你能够正确看待万事万物，阻止你掉进"财富的供应是有限的"这种错误思想之中，而你致富道路上最大的障碍就是这些错误的思想。

这里有个感恩的法则，假如你想要得到你追求的财富，遵守这个法则是完全必要的。

心存感恩会使我们保持积极向上的心态，会引导我们关注周围美好的事物，引导更多的致富机会来到我们身边。正如宗教教义宣称："你接近上帝，上帝也接近你。"这是真理。

使其将来得到更多的祝福和更多美好的事物，这仅仅是感恩的一部分回报。没有感恩，你就会长时间地陷入那些糟糕的和不满意的事情中去。

如果你的头脑装满了那些让你不满的东西，你就会开始丧失致富的基础，你就会关注那些普通的、琐碎的、消极的、愚蠢的、卑鄙的事情，这些东西无形中逐渐渗透了你的思想，于是，这些普通的、琐碎的、消极的、愚蠢的、卑鄙的事情就会来到你身边。

如果你放任自己关注身边那些阴暗的事情，那么你自身也将会变得阴暗。相反，你把注意力放在你身边的好的事物上，那一切也将变得好起来。

我们关注什么，那我们身体内的创造力就会把我们塑造成

什么。

我们都是有思想的物质，我们想什么，它就总是表现为我们所想的东西。

把注意力集中在最好的事物上，是那些心存感恩者的习惯。这样，他们就逐渐变成最成功和最优秀的人，他们就自然会接触到美好的事物，从而形成自己美好的人格。

坚定的信念也来自于感恩。因为感恩，我们开始不断地期望发生美好的事情，于是，这种期盼就会孕育出一种信念。当感恩之情反作用于一个人的意识时，就产生了信念。每一次流露出的感激之情都会增强一个人的信念。相反，长久的、积极的信念是不会出现在一个没有感恩之心的人身上的。没有积极的信念，我们就不能通过积极的创造性方法来实现自己的财富之梦。这点，我们在下一章还会讲到。

我们应该借助每一个机会培养自己的感恩习惯，这是很有必要的。并且，我们需要长久地、持续地心存感恩。

我们应该对一切事物心存感恩，因为所有的一切都是为我们的前进而准备的。

不要浪费时间去分析和抨击大富豪与垄断巨头们的不仁行为。从某种意义上来说，他们的存在为我们提供了致富的机会。

不要对那些高高在上的政客官僚进行无休止的指责和厌恶。从一定意义上来说，他们的存在将使我们避免陷入无政府状态中。否则，发财的机会可能会大大减少。

上帝为我们工作很久了，并且很有耐心地把我们带入了工业社会和文明时代，他做了一件非常完美的工作。毫无意外，他不会让这些大富豪、大金融资本家、工业资本家以及政治家立即消失；但是他们也不会立即向善。请记住这一点吧，你也要对他们心存感激，因为他们为你安排了很多致富的机会。感激会促使你与一切积极的因素和谐统一，越来越多的美好事物将会因此来到你的身边。

第七章

以特定的方式思考

在充分享受梦想带来的乐趣时，成功者借助这样的精神来坚定决心和信念，并让自己坚定不移地投入到致富的行动中去。

——财富箴言

让我们回忆一下第六章的那个憧憬着房子的年轻人的故事。要迈出致富的第一步，你的脑子里必须有清晰的想法。你必须在你的脑海中清晰地为你想要的那个东西勾画出一幅蓝图，你不能朝三暮四，除非你已经拥有了你想要的东西。

所以，在你能表达自己的想法之前，你必须在脑子里一一盘算清楚，你到底想要什么，要多少，怎样要。对于这些问题，许多人都如同陷入一团迷雾里，只有模糊零散的念头，而分不清方向。

如果你只有"我要过富有的生活"这样一个笼统的想法，这对于致富是远远不够的，如果你只简单地向往去观光、旅游，生活得更好等等，这对致富也是不够的，因为任何人也都会有这样的想法。假如你打算发电报给远方的朋友，你不会按照字母表的顺序发一些字母给他，让他自己去组织那些字母的信息，你也不会随意地在字典里挑一些单词给他，你肯定是发一些由思想清楚、意义明确的句子组成的话。

当你仔细审视你的愿望时，就如同之前所描述的那个年轻人，仔细检查他的房子，看看到底想要什么。当你希望得到什么的时候，你得在你心中勾勒出一幅清晰的图画。

此外，你还要将这幅清晰的图画在心中长久地保持，就像水手牢记自己将要驶向的港口一样；你还必须时刻面对这幅图画，就像经常要检查罗盘的舵手一样。

你不必先练习怎样集中思想和精力，也不需要专门腾出时间来学习祈祷和恳求，更不需要去做什么特殊的仪式。你要做的就是要弄清自己想要什么，恶狠狠地去想它，直到它清晰地烙印在你的脑海里。

事实上，如果你有了自己真心想要的东西的话，你根本不需要联想它，就能将你的全部心思集中在它上面，你所要做的只是在闲暇的时间想想你心中的那幅图画就可以了。

除非你并不是真的想要致富，否则的话你必须付出艰辛的努力，以使你的思想、精力完全集中在你的目标上，就像罗盘上的指针永远指向南极一样。否则，本书所讲述的法则你也没有必要来实践了。

这些致富法则是为渴望致富的人们准备的。他们对财富的渴望非常强烈，愿意为此去克服自身的懒惰，摆脱享受安逸生活的诱惑，为致富而努力奋斗。

当你越清楚、越明确地勾勒出自己的愿望图画，越是用心地思考、实践图画中详细的细节时，你的愿望就会变得越强烈。而愿望越强烈，你的精力将会越集中。

当然，有必要提一下这一点，对这幅图画仅仅只有构思和默想是远远不够的，你还必须付诸行动。否则，你也只能是个空想家，一个不具备力量和勇气去实现自己梦想的空想家。

为了让你自己清楚地认识在你清晰的图画后面那个非常明确的致富目的，你得把它用切实的东西表达出来。

在你明确的目的背后，有着你不可征服的、不可动摇的坚定的信念，这是你所能控制的。

首先，你让自己在精神上住进梦想中的新房子，直到这种感觉将你的身体围绕。在精神领域，你得让它进入你所渴望的东西所带来的愉悦和享受的状态中。

耶稣说："当也门不论祈祷什么的时候，相信也门会收到它，最终也门会拥有它。"

看到那些你想要的事物，就好像你已经拥有它们，它们真实地在你身边，而且你正在使用它们。在想像中你充分地使用它们，正像你切实地使用它们一样。凝视你的精神图画直到它变得清晰和明确，并且在精神上占有图画里的每一样东西。要以这样的信念去占有它，那么它在现实中也会是你的，在精神上坚持物主的身份，时刻都要有这样的信念，不要放弃。

还记得上一章所讲的关于感恩的故事吗？你要时刻怀有感恩的心态。那些虔诚地感谢上帝的人，因为还停留在对他们想像中的事物的满怀感激中，他们都有一个不可动摇的信念，那就是，他们会变得富裕，他们能够激发对他们想要的任何东西的创造性。

你不必为你想要的东西再三地祈求和祷告上帝。

"不信上帝者重复祷告一万遍也是徒劳无功的，"耶稣对他的门徒说道。因为在也门请求他之前，他已经知道了也门的需要。

你想要过得更好的愿望已经通过你的身体聪明地表达出来了，此时，你不必通过重复那简单的单词来接着祈祷，你要靠不可动摇的目的和坚定的信念来获得它。

当你非常清楚地勾勒出你的图画时，你就得接受这事实。勾勒完画面后，你就要时刻在心里默念它，并让自己在想像中享受那个画面，比如，让自己住进新房子，穿着非常漂亮的衣服，开着崭新而气派的汽车已经开始了旅游，并且计划带上家人准备更大的旅游。你在心里不断默想你要得到的一切，幻想自己已经拥有它们了。但是，成功者和空想家的区别在于，在充分享受梦想带来的乐趣的时候，成功者借助这样的精神来坚定自己的决心和信念，并让自己坚定不移地投入到致富的行动中去。没有行动，成功是不会自动投进你的怀抱的。只有你主动将你的梦想付诸实践，才会使自己富裕起来。

第八章

强大的内驱力

把贫穷和所有与贫穷相关的事统统抛在脑后吧，让它们成为永远的过去，不再回到你的身边。

——财富箴言

如果你始终关注那些现实或想像中的贫穷画面，那你的思想和精力就没有多余的时间去关注财富了。

假如你有过饥荒的遭遇，不要总是回忆它。不要谈论你父母的贫穷，或者你早年的艰辛；不要让你的精神再度过上穷苦的生活，它们只会让你压抑对美好幸福生活的向往，让你对财富的信念崩溃，使得你最后又把自己推进了贫困中。

"尘归尘，土归土。"

把贫穷和所有与贫穷相关的事统统抛在脑后吧，让它们成为永远的过去，不再回到你的身边。

不要去阅读那些告诉你世界末日快要降临的宗教书籍和那些充满阴暗描写的文字，更不要相信那些悲观的哲学家向你鼓吹的世界将要堕落沉沦的学说。

实际上，世界并不是像他们说的那样正在走向罪恶的深渊，而是变得越来越温暖、光明、富足。

当然，我们所生活的这个世界还是存在着许多不和谐，让人不满意的事情也很多，但是研究它正在消亡并没有什么用处。这种研究只会使它消亡的速度变快。既然如此，你为什么还把时间和精力花在这快要消亡的事情上呢？我们只有通过自身的发展推动社会的进步，才能加快这些事物的灭亡。

无论别的国家或地区，人民的生活是多么的悲惨、艰难，你都不要在这上面浪费时间，否则只会断送你发财致富的机会。

你应该让你自己相信世界正在走向好的一面。应该多考虑一下这个世界富足的将来，不要去想它的贫穷现状，并且要在心里记住，创造性的劳动是你能够帮助世界富裕起来的唯一途径，而不是竞争性的行为。

把你的精力都放在整个财富上来吧，忘却贫困。

不论你在什么时候想到那些穷人，都把他们看作是快要富裕起来的人，你给予他们的是庆贺而不是怜悯。这样，他们就会抓住那些致富的灵感，逐步开始寻求摆脱贫穷的途径。

因为我说过，你应该把你的整个时间、精神、思想都放在财富上面。这并不是就说你不够高尚。我们最高贵的目标是要过上真正有钱的生活，你能在自己的生活里实现它，每个人都应该去追求它。

在竞争者的计划中，那些为得到财富而争斗的人都是无神论者，最后只有那些势力强大的人才能获取胜利。但是，当我们有了创造性致富的心态后，这一切都改变了。

在这样的方式下，灵魂得以显露。

即使你体格不够强健，你也会发现可以使你致富的条件。

只有那些按照健康的方式生活的人才能活得轻松，才能从经济担忧中解脱出来，才能保持健康。

只有在那些依靠竞争生存的人身上才有道德和精神上的光辉，而那些依靠创造性致富的人已经从不光彩的竞争性致富中被解放出来了。假如你的心因家庭的幸福而欢欣鼓舞，请记住，最美妙的爱只能是在文雅的言谈举止中以及在高水平的思想中产生的，是在脱离了腐朽影响的自由中产生的，是在以创

187

造性致富的劳动中产生的，而不是在尔虞我诈、你死我活的暴力竞争中产生的。

我要重复一下，你要去关注伟大和高贵的事，对于此外的事就不要分心了，否则，你就没有办法致富了。你必须全神贯注于你财富的蓝图，不要花精力在阴暗的、模糊的画面上。只有这样，你才能致富。

你必须学会从所有事物中发现真理，你必须看到，即使是伟大的大师也是从曾经糟糕的厄运中一步步走向更完美的生活，获得更完善的幸福。

世界上只有财富而没有贫穷，这是真理。

之所以还有一些人处在贫困当中，那是因为他们忽略了为他们准备的财富。对他们最好的教育办法，就是以你的奋斗、你的实践来影响他们。之所以还有一些人过着贫穷的生活，是因为他们虽然知道有摆脱贫穷的路子，但是懒惰阻止他们付出努力找到那条路，就更不必说依靠它们来致富了。对于这些人来说，最好的办法是展现真正富裕中的幸福生活，通过向他们树立一个榜样，来激发他们致富的渴望。

此外，还有一些人之所以依然贫穷，是因为他们也许有些科学的观点，但是，他们陷入了神秘理论的沼泽和形而上学的迷宫中，不知道该选择哪条路。他们也试图把这些理论融合起来，却总是以失败告终。对于这些人，最好的办法就是，以你正确的方法来引导他们。一盎司的实践抵得上一磅空洞的理论。

你能为世界做的最好的事就是充分地、全面地发展你自己，让自己变成致富的先锋。

假如你放弃竞争性致富的方法，而选择创造性致富的方法，要想为人民和神灵服务，就只能让你自己富裕起来。

另外，我还要提醒大家，我们这本书中所提到的详细的科学致富的法则，如果都正确的话，你就没有必要去阅读其他类似的书籍了。这听起来有点狭隘和轻狂，但是请大家想想：在代数学科中，除了加、减、乘、除，难道还有其他更值得研究的基本运算法则吗？在几何学中，两点之间，再也没有比直线更短的线条了。

引领我们走向自己的目标的方法中，只有一种是最科学的，它最直接，也最简单。没有人能制定一套比这更简短、更简单的体系了，它从根本上剥夺了其他理论存在的必要性。当你接受了这个理论，就把其他的理论统统弃置一边吧，把它们全都从你的大脑中驱逐出去吧！

你应该随时将这本书带在身边，每天读读它，把它的内容刻在你的心上，不要去想其他的理论体系。否则，你就会被其他的观点所迷惑，信念就会发生动摇，因而也就会导致失败。

你可以关注那些你喜欢的理论体系，但前提是当你拥有了美好的东西，富裕了以后。但是你务必要确定你已经得到了你想要得到的东西，而在此之前，不要读本书以外的任何书籍。

除此之外，你只应该关注对世界新闻乐观的评论和积极的报道，把这些放进你的理想蓝图里面，与你的理想蓝图保持和谐一致，那么，你就比较容易将你的蓝图转化为现实了。

还有，不要涉足什么神学或者灵性论，也不要相信什么种族决定论，将那些超自然的研究放在一边。这些神灵或许真的像传说所描述的那样在我们周围存在，或者就在我们身旁飘来荡去，但是与我们有什么关系呢，随他们去吧，你只需关注你的事业就

可以了。我们不能指望这些虚无缥缈的东西来帮助我们致富。

　　不管这些死去的灵魂是否真的存在，他们也许有他们的事要做，他们需要解决自己的问题。我们不能去帮助他们，也没有权利干扰他们，而且他们是否能帮助我们，这也是一个值得怀疑的问题。甚至，我们是否有权利侵入他们的世界也值得讨论，假如他们确实存在。让这些死去的灵魂从此消失吧，你只需把精力放在解决你致富的问题上就行了。假如你被这些神灵鬼怪的说法迷惑了，你的信念就有可能颠倒，这样一定会导致你的希望最终破产。

第九章

行动要另辟蹊径

不要试图在今天做明天的事，到你该做的时候自然会有充足的时间去做。

——财富箴言

　　思维是一种力量，它具备创造性，或者说，它本身就有极强的力量来启动创造性能量的行动，让你在特定的路径下去思考，给你带来财富。但是，你又不能仅仅依靠思维，让自己真正的富裕起来，你还必须把思考的东西付诸于实践，否则，你无法致富。不能将思考的理论和实践很好地结合在一起，这就是许多形而上学的思想家触礁沉船的悲剧根源。

　　你可以依靠思维的力量，让深山中的金子向你走来，但是它不可能自行开采和冶炼，也不可能自行铸成双面鹰的金币，沿着马路兴冲冲地滚进你的口袋。

　　人类的活动在有条不紊地进行着：有些人从事金矿的开采、有些人从事黄金交易。由于这些行业的存在，使得黄金可以直接被带到你的身边，而你只需做好你的事业，顺利地接受黄金来到你身边。你要考虑到所有积极的和消极的事，还有那些为你带来你想要的东西而工作的人们，而你个人要做的就是当金子来到你身边的时候怎样去接受它。你不必靠别人的施舍、不必靠偷盗，你应该在你得到了你想要的东西之后，回报给他人更高的使用价值。

　　如何科学地进行思维呢？首先，要在脑海里勾勒出一幅清晰而明确的理想蓝图；其次，要牢牢坚守你的目标；最后，你要用感恩的信念清晰地表达你的意愿。

此外，在展开行动的同时，你要遵循特定的路径，这样，你才能和你所渴望获得的财富相遇，你还可以遇到你蓝图中的东西，当它们来到时你就可以把它们放在合适的位置。

但你看到的事实是，当你想要的东西靠近你的时候，它们还不属于你，还在别人的手上。你应该给予他们价值相当的东西去换得它们。

为了得到它们，你必须给予他人价值相当的东西。"给出他所应得的，获得属于你的。"

我们应该明白，谁也不可能拥有一个不用劳动就能装满金子的幸运钱袋，这个钱袋只能属于神话中的福尔图娜即命运女神。

在致富的路途中，有个观点是至关重要的，那就是，思想必须和行动有机地结合起来。虽然现实生活中许多人也能在有意无意间启动创造力致富，但是，他们最终还待在贫穷的境遇中。这是为什么呢？原因在于他们还没有做好行动上的准备，他们并不懂得如何获得那些已经来到自己身边、本该属于自己的财富。

通过思想的力量，你想得到的东西就会被创造出来，并且被带到你的身边。通过正确的行动，你就能获取将要来到你身边的、本该属于你的东西。

无论你有什么想法，很显然，你必须现在就行动起来！你不能说你本应在过去就开始行动，过去的事情已经无法改变了。从你的精神领域里彻底清除过去的东西是非常必要的，忘掉它们将有利于你的致富蓝图；你也不能说你预计在将来去行动，未来的事还没有出现；你更不能说你需要等待某个好时机，这个好时机一旦降临，你就立即行动。这样的想法也是错误的，它只会助长你的惰性。而且，如果明天真的有突发事件来临，你是否准备好

了去迎接它呢？说不定到时候又仓促应对，追悔莫及，哀叹此前没有做好充分的准备。所以，"今日事，今日毕"。

不要以为你还没有找到合适的行业，或者还没有找到合适的工作环境，就可以有借口不付诸行动。不要去寻思更好的办法来解决将来可能发生的事件，你只要确保有能力解决未来的突发事件就行了。

假如你做着今天的事，心里却想着明天的情况，势必会心猿意马，降低你工作的效率。

请把你整个心思都放在今天的事情上吧！

不要以为财富会自动到来。如果你这样做，那就根本就不能获得财富。立即行动起来吧！已经没有时间等待了，不要等待某时某刻，而是立即行动！假如你想获得财富的话，那你就现在开始行动吧！

这些行动，其最大的任务还是去履行你现有工作的职责，尤其是针对你正在面对的人际关系或具体的事务。

你不能去处理职责之外的事务，也不可能处理过去曾经是你管辖之内而现在已经不属于你管的事务，更不能去处理未来也许属于你职责内的事务。所以，你唯一能做的就是认真地处理自己管辖范围内的事务。

你要想的是把今天的工作做好，而不是回想昨天的工作是否出色。

你要在正确的时间做正确的事，不要试图在今天做明天的事，到你该做的时候自然会有充足的时间去做。

你要以正确的方法去影响别人，而不是用神秘的手段干预那些你力所不能及的人和事。

不要坐等环境变好以后再去行动，要用实际行动去改变环境。

你在心里勾勒出了一幅较好的图画，你就可以用你的心灵、用你的力量、用你的心智来改变目前的环境。

不要沉湎于自己的白日梦，不要幻想空中楼阁。

时刻坚守自己的理想蓝图，珍惜可贵的时光，立即展开行动!

不要试图做一些新奇的事情，不要总是想着标新立异，重新开始；千万不要以为，迈出致富的第一步就是去做一鸣惊人、不同寻常的大事。其实，在相当的时期内，你要做的事很有可能是你以前做过的，所不同的是，你已经抛弃掉从前做事的方式，而是开始以"特定的路径"行动了。这种特定的、科学的方法将带你走向富裕。

假使你正在从事并不适合你的工作，也不要灰心丧气、消极等待；不要等到找到合适的工作后再努力；不要抱怨自己被放错了位置。没有人找不到适合他的位置，只可能被放错了位置；也没有人仅仅因为找错了行业，就再也进不了适合他的行业。

坚信目标在不久的将来一定会实现，坚信自己能够进入理想行业，坚信自己正在接近它，更重要的是你必须从目前的工作中开始行动。充分利用现有的工作，来帮助你获得更好的工作；充分利用现有的工作环境，来帮助你获得更好的工作环境。能够找到好工作的强烈的意愿，再加上坚定的信念和不可动摇的目标，你就开始越来越靠近自己想要的工作了。

当你全心全意投入到现在的工作当中，并时刻保持想要得到更好工作的愿望，我保证，你就一定会得到你想要的工作。

第十章

高效率地运转

　　每一次高效率行动的本身，就是一种成功。如果你的一生都以高效率来做事，那么毫无疑问，你的一生将是成功的一生。

——财富箴言

你必须按照前几章给出的观点和理念来指导自己的思想，并且在这一思想的引导下确定自己的方向，立即行动，做你此时此刻能做的事情，全力以赴，永不后退。

想要得到进步和发展，只有不断地超越自我，而超越自我就是把自己的能力发挥到极致，把目前该做的事情做得完美。

世界的进步只能是靠所有白我超越者来推动。

如果所有的人都不恪尽职守，整个社会必将倒退。那些不能履行自己职责的人，无论对社会、政府，还是对商业、工业而言，都将成为沉重的社会负担，其他的人不得不付出巨大的代价来负担他们。世界会因那些不能尽责尽力的人放慢前进的脚步，而他们也只属于过去的年代，过着低层次的生活，逐渐堕落、退步。假如人人都像他们这样，社会将停滞不前。正是自然法则和人类精神的变革，导致了社会的变革。在动物界，社会的演变由个体的发展来推进。

当一种比它的同类生命力更强大的生物，不断地进行自我发展和自我超越，它就会达到一个更高的水平，这样，一个新的生物物种就诞生了。

新物种的产生一定是建立在生物的这种自我超越基础之上的，生物进化法则对于人类以及人类社会来说，只要人类不断地超越自我，人类的事业就能不断地发展，人类富足的目标就能得以实现。

在你生命中的每一天，都可能会有成功和失败。假如这一天，你得到了你想要的东西，你就度过了成功的一天；假如你不可能获得财富，那你每天都是失败的。如果每天都是成功的，那你就很容易实现自己的致富目标了。

假如今天该做的事你没有做，那么你在这件事情上是失败的。不要小瞧这些失误，它所引起的结果可能比你想像的更加糟糕。

即使是一件很不起眼的小事情，也可能会导致你无法预见、无法控制的后果。事实上，你对小事的态度决定了很多重大的事。也许就是一件小事帮你敲开了机会的大门。面对眼花缭乱的世界和纷繁复杂的人际关系，你可能一时手足无措。假如你忽略这些不起眼的小事，或者把这些小事办砸，它可能让你在致富的半途中滞留很久。

所以，我们必须全力以赴，不遗余力地把握好每一天！

然而，做什么事都有个限度，对待小事不马虎并不意味着你就必须事无巨细，事必躬亲，不分轻重缓急。

你不必让自己超负荷劳作，盲目行事，不要妄想在很短的时间内就把需要花很多精力的事做好。仓促行事只会越做越忙，越做越多！

不要试图让自己今天去做明天的事，更不要试图把一星期的事放在一天之内做完。

事实上，真正重要的不是事情的数量，而是做事的效率。

每一个行动本身，不是成功，就是失败。

每一个行动本身，不是高效，就是低效。

每一个低效的行动其实就是一个失败，如果你的整个人生都把生命花在低效的事情上，那么它可以说就是失败的。

如果你一直在以低效率来做事，做得越多，情况就越糟糕。相反，每一件高效率行动的本身，就代表着一种成功。如果你的一生都以高效率来做事，那么毫无疑问，你的一生将是成功的一生。

很多事情之所以失败，就在于没有以高效率的方式来做事，反而以低效率的方式来做了太多的事情。

你会明白这个无须证明的道理，如果你放弃以低效率来做事，而是以高效率来工作，日积月累，你终将富裕。假如从现在开始你能高效率地做每一件事，你将会再次发现，致富是一门精确的科学，正如同数学一样。

这样，问题就变成了你是否能把每一件看似独立的事情都做成功？答案一定是肯定的，你能把它做好。

你能让你所做的每一件事都成功，因为世界上所有的力量都在为你工作，而它们是不会失败的。

世间的力量都任你差遣，你完全能高效地完成每一件事，只要你用信念和行动调动所有力量，让其为你发挥作用。

每一次的作用不是强就是弱，当你是以一种"特定的路径"行动时，作用的力量就是强势，强势的力量会使你走向富裕。

只要在行动中牢记自己的愿望，坚守自己必胜的信心，并且往你的每一次行动中灌注你的信念和目标，那你每一次的行动都将是强势而高效率的。那么，你也必将顺利地实现自己的梦想。

正是在这一点上，那些将思想和行动截然分开的人没有获得成功。他们在此时此刻做着某件事，而大脑却在思考着完全不相干的另外一个时空发生的事。因此，他们的行动大多数是低效的，这样如何能够取得成功？如果你能集中所有的力量进行每一个行动，无论这是多么平常的行动，其本身就是一个成功。根据自然法则，每一次的成功都会打开通往更多成功的大门。因此，当你向着自己的目标前进时，速度也会随着你的前进越来越快。

请记住，此前每一次成功的累积才会让你获得最终的成功。因为渴望更丰富多彩的生活是世间万物的天性，当人们开始向成功道路迈进的时候，伴随而来的是更多的新人和更多的新事物，因此，人们对周围影响的渴望将会成倍地放大。

每天都要全力以赴，把你要做的事情好好做完，以高效率来做好每件事。

我说过，无论那些事看起来多么渺小、多么微不足道，但是当你在做它们的时候你必须坚持你心中的蓝图。当然，这并不是说，你应该时时刻刻把愿望的细枝末节挂在心上。你应该将愿望的每一个细节在闲暇的时候充分想像一下，把这些都放在记忆深处。假如你希望尽早获得你想要的结果的话，你就得把你闲暇的时间用在这样的实践中。

通过不断地沉思，你将会勾勒出一幅非常完美的愿望蓝图。这幅蓝图包括的所有细节都具体而清晰。你应该把它牢固地钉在你的脑袋里，只要一想到这幅图画就能激发你致富的信心和决心，以便促使你心无旁骛地工作。在你工作之余，也不妨静心想想这幅美妙的图画，让它给你触手可及的意识。这样，你就会在憧憬自己美好的未来的同时，只要一想到它，浑身就有使不完的力气。

第十一章

做自己喜欢的事

　　做自己想做的工作，做最符合自己个性的工作，做让自己满心愉悦的工作，这是你天生的权利。

——财富箴言

在任何一个行业中能否成功，这在一定程度上都取决于这个人是否具备该行业要求的专业知识和技能。

一名优秀的音乐教师应该有出色的音乐天赋；一个优秀的机械工应该有熟练的技巧，在机械领域游刃有余；一名成功的商人应该有机智老练的经商头脑。但是拥有了这些特长，并不意味着你就一定能致富。某些拥有非凡音乐天赋的音乐家一生都穷困潦倒；还有一些木匠、铁匠，尽管他们技能高超，却生活在贫困中；还有一些商人，虽然很有经商天赋，但他们最终依然处于失败境地。

在追求财富的过程中，人们所拥有的才能就好比是各种不同的工具，好的工具当然是必不可少的，但是能正确地使用这些工具却需要必备的技能。有的人只需要一把锋利的锯子、一把直尺和一个好的刨子就能做出一件漂亮的家具，而有些人使用相同的工具却只能做出一件劣质的赝品。这其中的原因就在于这些人不懂如何善用这些精良的工具。

精神方面的才能也是你的工具，它也可以帮你致富，只要你善于运用它。假如在工作中能善用它，充分发挥它的作用，你就会很容易成功，并很快就会过上富裕的生活。

一般而言，如果你在你所从事的行业中有卓越的才能，你就会做得相当出色，因为你天生就适合做这一行。但这种说法也有一定的局限性，因为没有人会认为他的职业是由天赋爱好或兴趣决定的。

不论从事什么职业，你都有机会致富。即使你不具有这个行业所需要的才能，你仍可以培养和发展它。这就是说，随着你的成长，你可以根据需要去制造你的"工具"，而不是使用某些现成的"工具"。的确，如果你天生具备某些优秀才能的话，那你就会比其他人更容易获得成功，这样你在任何行业里都可以获得成功！因为你可以培养那些还没有被你开发的潜能。

假如你在自己最擅长的专业里勤奋地工作，这是最容易取得成功的，并且也最容易致富。此外，做自己想做的事，不但容易致富，而且致富后你还能获得最大的满足感。

生活的真正意义在于你能够做自己想做的事。如果你总是被迫做自己不想做的事，而且永远不能做自己喜欢做的事，那你就不可能过上真正幸福的生活。可以肯定，你可以做你想做的事，并且有能力做你想做的事，你的渴望就能说明你在这个行业中具有相应的才能或者潜质。

心中的渴望就是潜力的体现！

如果你内心迸发弹奏音乐的渴望，这就表明，你所具有的音乐技能在寻求表现，期望获得发展。如果你渴望发明机械设备，同理，你在这方面的技能在寻求表现，期望得到发展。

如果你对做某件事有着极强的欲望，这本身就能证明，你具备这方面的能力，不管是已经发展的还是没有发展的。你要做的就是，将那些尚未发展的潜能发展起来，并且正确地运用它们。

在所有条件相当的情况下，一个能充分发挥自己特长的行业是你最好的选择；但是，如果你对某个职业有着强烈渴望的

话，那你应该遵循渴望的指引，选择这个职业作为自己终生奋斗的目标。

做自己想做的工作，做最适合自己个性的工作，做让自己满心愉悦的工作，这是你天生的权利。

你有权利不去做不喜爱的工作，谁都没权利强迫你。你也不应该去做这样的工作，除非你能通过它获得你喜欢的工作。

也许你过去因为种种失误，没能从事你喜欢的职业，现有的环境并不让你满意，那么，在一段时期内，你就不得不做自己不想做的事了。但是目前的工作也是可以帮你最终获得你想要的工作的。认识到这一点，把握好其中蕴藏的机会，你就能将你现在做的工作变成使你开心的工作了。

假如你认为现在的工作不适合自己，也不要盲目而仓促地转换工作。一般来说，最好的办法是，在自身发展的过程中顺势而为。

假如机会来临，须经过审慎的考虑，如果觉得是个很好的机会，就不要害怕进行突如其来的变化。但是，如果你仍犹豫，还不能作出正确的判断，那就不要操之过急，贸然行事。

在创造性的致富计划中，因为我们从来都不会缺少机会，所以我们不需要行动匆忙。

当你一旦摆脱了竞争致富的心态后，你就会明白，你根本不需要草率行事。你想要的东西没有人能阻止你去得到，因为每个人都不缺乏机会。就算一个理想的位置已经被人占据，不远的将来一定会有一个更好的位置等着你，并且你也有充足的时间去获得它。因此，当你感到困惑、彷徨的时候，你需要重新审视自己的愿望。在这样的情况下，你尤其要不断增强你的信心和决心，还要尽你所能，增加你的感恩之情。

花上一到两天时间，深思自己想要的东西是什么样的，对自己已经得到的东西心怀深深的感激之情。假如你怀有深深的感激之情，你的信念和目标就会开拓你的生活，让你的愿望得以实现。

每天你都要以完美的方式去做好你想做的事情，但在做事的时候不要仓促、不要担心、不要恐惧，按你的节奏做，切不要匆忙行事。

记住，如果你失去镇静，仓促行事，你就不再是个财富的创造者，而是变成了一个财富的竞争者，那你将会倒退到可悲的过去。

无论何时，一旦你发现自己心绪不宁，就要强迫自己停下来，全神贯注地思考自己的目标，并对已经得到的东西心存感激。请记住，感恩之心将永远帮助你增强信心、坚定决心。

第十二章

不断进取

自然界所有的生物都在追求自我发展，
这种追求一旦停止，瓦解和死亡即将来临。

——财富箴言

无论你是否跳槽，眼下所做的一切都要与现有的工作密切相关。

你要以"特定的路径"行事，想要获得自己喜欢的工作，或者进入自己向往的行业，就必须积极地利用目前的工作来创造机会。

如果你的工作需要你与别人打交道，不管是面对面地接触，还是信函往来，请特别记住，关键是要让对方知道，你在不断地进步。

每一个人内心深处的需求都是让自己不断地追求进步。人类内在的无形智慧总是推动我们去追求更完美的自我发展。

不断地追求进步和发展同样是自然界的固有本性，是宇宙万物永恒运动的原动力。人类所有的活动都建立在追求进步和发展的基础之上。人们喜欢追求更好的生活，例如人们都喜欢吃更丰盛的食物，喜欢穿更漂亮的衣服，喜欢住更舒适的房子，喜欢用更华贵的物品，还喜欢更多的优美、更多的智慧、更多的情趣，如此等等。

自然界所有的生物都在追求自我发展，这种追求一旦停止，瓦解和死亡即将来临。

人本能地认识到这一点，认识到存在的这一自然规律。因此，人类从未停止过追求更美好生活的脚步。《圣经·马太福音》中曾用智者的寓言故事对这种"不断进取"的自然法则作过如下的阐述：只有那些追求更多的人才会保住现有的，否则，他连现有的也将被剥夺。

渴望更多的财富不是邪恶的，而是十分正常的，它也不应该受到惩罚和谴责。它是人们对于富足生活的向往，是人类共同的美好愿望。

这种愿望是人类天生的本能，它发自人类内心深处，所以无论什么时候，能给予人们更美好生活的人总是会受到欢迎。

按照前面几章讲的，以"特定的路径"思考和行动，在这种过程中，你会保持持续地、不断地进步，同时，你也会给你的生意伙伴带去进步。

这就使得你成为一个富有创造力的中心源，将进步和发展辐射到四面八方。

要相信这一点，并且确保传递这种"不断进步"的事实给所有与你交往的人，包括男人、女人，甚至小孩。无论双方的交易是多么微小，哪怕只是把一根棒棒糖卖给一个孩子，都要让这个孩子感觉到，你的棒棒糖在不断地进步，变得越来越好吃。要让每一个顾客感觉到你也在不断地努力，被你的信心所感染。

在做每一件事情的时候，都要传递给别人一个不断进取的形象，这样，所有与你交往的人都能感觉到你是一个推动他们不断进步的人，也是一个能够不断进取的人。把"不断进取"的印象传递给每一个与你交往的人，包括那些在社交场合中没有生意往来的只有一面之缘的人，甚至包括那些根本没有打算跟他们做生意的人。

坚信你自己在不断进步，坚信你自己能够传递这种印象给别

211

人。让这种信心注入、渗透、充塞到你的每一个行动中去。

在做每一件事情的时候都要坚定信念保持不断地进步，那么，你就能把这种进步传递给每一个人。

要相信自己正在获得财富，同时，你也在让别人致富，也能让所有的人都获益。

但是，不要夸耀、吹嘘自己的成功和业绩，真正的成绩是不需要吹嘘的，因此不要对别人喋喋不休地谈论你的成功。

不论在什么地方，只要见到喜欢吹嘘的人，你就会发现，他们的内心其实对自己所取得的成绩感到无比的怀疑，他们无比担心自己是否能真正成功。对你来说，不必这样做，你只需对成功和致富充满信心，并让这种信心在每一次行动中发挥它的效用。让你的行动、你的声音和你的神态都传递出一种无言的信心：你正在迈步走向财富，根本不需要用太多的语言向他人强调这种感觉。当你出现在别人面前的时候，他们自然会感觉到你这种锐意进取的气质，并且折服于你的这种气质，自愿走近你，和你共同奋斗。

你还要给别人这样的印象：与你交往将会给他们带来更多的财富。因为，在每一次交易中，他们给你的货币价值并不足以支付你所给予他们的使用价值。

以一种发自内心的自豪来做这些，并让所有人都感受到你的自豪，这样，你的合作者就会越来越多。现在大家都知道，渴望富足的生活是人类最原始的本能，人们会很自然地涌到能给他们带来更多财富的那个地方去。你的事业将会随着你得到那些你不曾预料的财富的增加而变得发达，你就有能力天天扩大你的企业，得到更多的优势，并且能够投入更适合你的、你所渴望的工作中去。

但是，做这些事的时候，永远不要动摇你的信心，不要丢失你心中的蓝图，不要忘记自己的目标。

让我给大家一些忠告和警示吧，它们可以让我们远离那些阴险的诱惑。

我们要当心那些用心险恶、企图用强权控制别人的人。

那些心智畸形的人很多权利欲都很旺盛，他们最大的快感是用强权把别人踏在脚下。世界众多的悲剧正是由这种丑恶的欲望造成的。多个世纪以来，国王和君主们为了扩大各自的领土频繁发动战争，多少伤亡将士的鲜血浸透了他们的土地，而他们却不是为了美好生活抛头颅、洒热血，而是在国王和君主们私欲的奴役下作出无谓的牺牲。

直到今天，许多人仍在商业、工业等领域中带着这样的动机，进行着这样的"战争"。不同的商业集团利用金融资本的力量，以千百万人的宝贵精力甚至生命为代价，演绎着一幕幕疯狂愚蠢的争斗。商业界那些"国王"，还有一些政客，正和从前的君王一样，在强烈的权利欲的驱使下重演悲剧。

当耶稣看到世界被罪恶的欲望统治时，他试图推翻它。在《马太福音》第二十三章里，你可以看到那一幅幅丑恶的画面，被称为国王的伪君子，在高高的王座上，统治着别人，把包袱丢给那些可怜的人。

所以，我们要警惕追求成为"统治者"的诱惑，不要试图凌驾于众人之上，不要通过一掷千金来哗众取宠。

追逐控制他人的强权同创造性心态截然不同，它是一种竞争性心态。想要控制你周围的环境和你的命运，并不需要去奴役别

人；相反，当你一旦陷入权利与地位的争斗中，你就会被命运与环境所控制，致富随之也就变成仅靠运气的投机行为了。

所以，请大家一定要远离竞争心态！在《黄金法则》中有这样一句名言："我为自己所谋求的，也正是我想与所有人要共享的。"我觉得用它来阐明"创造致富"的真谛，真是再恰当不过了。

第十三章

从优秀到卓越

做一个卓越的人……他知道他一定能成为他想要成为的那个人，并对自己的目标和信念毫不动摇。

——财富箴言

　　我曾经在上一章说过，不管他是专业人士、工薪阶层，还是商人，我们这个致富理论对所有的人都适用。因此，每个人都应该树立致富的目标，努力成为一个卓越的人。

　　只要你立志成为一个卓越的人，不管你是一名医生或是教师，或者是一名牧师，只要能够给他人的生活带来进步，他们就会被你吸引，聚集到你身边，而你也将因此致富。如果一名医生立志成为名医，并且对自己的信念坚定不移，全力以赴，最终他就会把握生命的奥妙，把健康带给他的病人。希望得到健康的人就会越来越多地聚集到他的身边。可想而知，这位医生的事业也就蒸蒸日上了。

　　比起医生这个职业，没有哪个职业能有更多的机会实践本书的理念。如果他想做个卓越的人，那么最关键的问题已经不是他是否毕业于高等医学院，因为学校所学的理论大同小异，任何医生通过学习获得的知识都可以通过实践来掌握。一个想成为名医的人，必定会在心中牢记自己是一个名医的信念，遵循信念、决心和感恩等原则，他就一定能想尽各种治疗方法，力图治愈所有可治愈的病人。

　　在宗教领域，人们也需要一些卓越的人，需要那些能够传达生命真谛的人，来做他们的启蒙者。这些人不仅精通致富的学问，也知晓所有保持健康、培养情操、获得爱戴的学问。他们在教堂里传道，从来不会为没有听众而担心，因此他们吸引了大批的追随者。他们所讲的都是世界的福音，能够给大众带来更加幸福的生活。人们喜欢倾听他们，并将最慷慨的支持和拥护给予这些传播知识与理念的人。

现在，我们更需要站在讲台上的人们，以自己的亲身经历来向大家证明这些生活的真谛。我们希望这些传道者讲授这些理念，更能将如何获得幸福生活的方法以自身的奋斗经历演示出来；我们希望这些导师自身就拥有健康的体魄、高尚的情操、富足的生活，受人爱戴尊敬。当他们到来的时候就会发现他们有一大群忠实的追随者。

这样的情况对于教师来说也是一样的，那些能激发孩子们渴望美好生活的教师绝对不会缺少学生。并且对于这样的教师来说，他们永远不会失业。假如一位教师，首先他自己就对生活充满信心和激情，他自然就会将这样的信心和激情传递给学生们，使他的学生们受到感染和鼓舞。

这条法则适用于医生、牧师，还有教师，同样也适用于律师、牙医、商人、房地产商、保险代理商等，总之，它对所有人都适用。

我已经在前面讲过我们要将精神和行动很好地结合起来，只有这样我们才能立于不败之地。每个人，不管是男人还是女人，只要稳定地、坚定地、严格地按照这个法则去执行，就一定能获得财富。追求富足生活的法则是一门精确的科学，它不但切实可行，而且可靠有效，并且就如同万有引力定律一样，无须怀疑。

即便是靠工薪生活的人，只要他遵循这条法则去做，也可以从中找到属于他们的希望和出路。你不要因为自己的生活中没有

提高的机会，工资少，消费又高，就对致富失去希望。请赶快在脑海中勾画出清晰的致富蓝图吧，牢记坚定的信念和不可动摇的目标，开始行动起来吧，那么你想要的东西你都会得到。

每天都要把你该做的事情尽力做好，每件工作都要做得完美、专业；把成功的力量、致富的力量都贯穿到你做的每件事上。

但是不要有这样的观点：想着为拍老板的马屁，而工作表现得出色，或者希望上司因为你工作的出色而提拔你，事实上他们很少这样做。

一个尽心尽力、为出色地完成本职工作而感到心满意足的人，对于老板来说，这个员工有很好的价值，但也仅此而已。他的升职并不一定符合老板的利益，而他的卓越才能也不仅仅靠一点微薄的工资来衡量、来体现。

为了确保进步，只做好本职工作是远远不够的，你还必须做好其他的事。

做一个卓越的人，既要能将自己的本职工作出色地完成，又要对他所能成就的目标有明确的感念，他知道他一定能成为他想要成为的那个人，并对自己的目标和信念毫不动摇。

不要试图为了取悦你的老板而做一些分外的事。不管你是在工作的时候，还是在下班的时候，要坚守这样的信念和目标：你做这些是为了自己的不断进步。让每一个与你交往的人，无论是你的上司、同事或是你的朋友，都能感觉到有种意志的力量从你身上散发出来。这样，每一个人都会意识到你是一个不断进取的人，是能给他们带来更多物质和精神财富的人。你会吸引他们，并且你也将从中发现更多的致富机会。如果你现在从事的工作没有能力给你提供发展的机会，你应该相信在不远的将来，你会得到一个更加适合你的工作。

能够遵循这些致富法则的人，就能和宇宙间永不失败的力量结合在一起，就能从中获得无穷无尽的致富机会。

无论是你周围的环境，还是行业的发展，都不能阻止你获得成功。

假如你在钢铁公司打工不能得到财富，你可以通过经营一块10英亩的农场来致富。假如你按照"特定的路径"来行事的话，终有一天你能摆脱钢铁公司的束缚，进入你所向往的农场或者其他你所喜欢的行业中工作。

假如大公司里的数千名员工都能按照本书所讲的"特定的路径"行事的话，不久以后那位老板就会发现他面临两个选择：要么将更多的致富机会留给员工，要么自己关门大吉。任何企业巨头要想迫使员工在没有希望的环境中工作都是不可能的，没有人必须依靠大公司生活，除非他对科学致富一无所知，或者懒得将致富的学问付诸实践。

开始以"特定的路径"思考和行动的时候，还需要你的信念和目标来作为支持，它们会帮助你找到改善处境的机会。

不要坐等你渴望的机会自动出现，当你觉得眼前有个能够改善你处境的机会时，你要立即将它抓住。只要你迈出第一步，就会发现有更多的机会等着你。

第十四章

警告及戒律

不管前方将出现多么巨大的障碍，你会发现如果你坚持预定计划的话，当你走到那一点的时候，障碍已经消失了。

——财富箴言

　　许多人一听到还有门科学叫作致富的哲学，不是嘲笑它就是藐视它。他们认为社会财富的供应总量是有限的，若要让许多人致富，那么必须先得改变社会结构和政府体制。

　　但是，事实并不如此。

　　现存的政府体制（特指西方世界）使大多数人处于贫困状态，这千真万确。这是因为绝大多数人没有正确思考，也没有以正确理论指导去做事。

　　如果这些人开始按照这本书上说的去做，那么他们就会变富，不管是政府还是公司都无法阻止。当然，所有的方法都必须加以调整，以适应前面提到的那些行动。

　　如果人们具有先进的理论知识，具有一定能致富的信念，并且坚定地朝着固定的目标往前走，那么没有什么东西能够让他们成为穷人。

　　这套方法适用于任何人，在任何时候，在任何政府体制下去做，只要去做，就能成为富人。当越来越多的人都这样做的时候，就会导致政府体制的变化，就能为其他人打开致富的通道。

　　在竞争性平台上人们获得的财富越多，对别人的伤害就越大；在创造性平台上人们获得财富越多，对别人就越好。在竞争性平台上，社会财富总量没有增加，一方所得造成了另一方的所失。而在创造性平台上，社会财富总量获得增加，每个人都可以从中获益。

要拯救广大民众于贫困之中，要使他们获得财富，只有靠大家通过践行这本书中提到的方法才可以办到。告诉他们这些方法，激励他们为现实生活树立一个目标，并且相信自己能够实现这个目标，用坚强的意志去实现它。

你现在已经暂时明白了，不管你生活在什么社会体制下，无论是资本主义社会还是社会主义经济时代，你都可以成为富人。当你开始实施创造性思想计划的时候，你就会变得与众不同，你就会成为另外一个世界的人，你就会成为富人王国的公民。

但是，你要记住，你一定要确保自己站在创造性平台上，力求创新。这样你就永远不会感觉到财富是有限的，你也不会产生在有限的社会财富中承受与人分羹的道德压力。

当你察觉自己坠入旧的思维模式之时，你必须马上改正它。因为当你坠入竞争性思维模式里面的时候，你就失去了和其他人合作的机会。

绝对不要浪费时间去筹划怎么解决遥远的将来你可能面临的各种紧急状况，除非你今天的行动受到了那种突然事件的影响。认真对待今天的工作，不要关心明天会出现什么特殊情况。等明天来了特殊情况，再去关心它。

不要去关心你应该怎么去克服万一你碰到的那些将会对你的生意发展造成障碍的问题，除非你确认你必须改变你的计划以避免它们。

不管前方将出现多么巨大的障碍，你会发现如果你坚持预定计划的话，当你走到那一点的时候，障碍已经消失了。

一个严格按照计划致富的男人或者女人在任何环境下都不可

能被打败。就像2乘以2会不等于4一样，那是不可能的。如果你按照这个方法去做的话，一定能够致富。

不要过多地担心那些未来可能的灾难、障碍、不幸或者不顺的环境，当这些情况真的出现时，你还有足够的时间去处理它们。如果不这样考虑的话，你会发现这些想像中的困难会耗费你很多资金和精力。

注意自己的发言，绝不要用一种垂头丧气的语气来谈及你和你的生意。

绝不要认为你会失败，或者承认有这种可能性。

绝不要说什么时世不济，或者说什么环境让你做生意不顺之类的话。时世不济、做生意的环境不好，这些情况确实适用于对那些处于竞争性平台下来的人，但对你就不一样，你不是那种畏首畏尾的人，你能创造你所需要的一切。

当其他人的生意举步维艰的时候，你会发现，在你面前机会到处都是。

经常训练自己，用一种积极的态度来看待这个世界。这个世界对你来说是适合的，是蒸蒸日上的，邪恶还没有出生呢。如果你不这样做的话，你的信心就会被否认，很可能成功就会离你而去。

绝不能允许自己失望。你可能希望在一定的时期拥有某些东西，但是却求之不得。这就像失败一样。然而，如果你坚持自己信念的话，你会发现那只是表面上的失败。

沿着既定的路线继续前进，如果那样你还得不到你想要的东西的话，你会得到比那更好的东西。对你来说，那种表面上的失败，就是巨大的成功。

有一个研习致富学的人，他决心要做成一笔生意。当时，那笔生意是他十分渴望的，他为之奋斗了好几个星期。当关键时刻来临的时候，生意却毁在了一件无法解释的事情上。好像有某种神秘的力量在反对他似的。他不但没有灰心，相反，他感谢上帝驳回了他的愿望。他怀着感恩的心情继续他的计划。几星期后，他又等到了一个非常好的机会。有了这个机会，他无论如何不会想要原来的那个愿望了。他发现他只付出了一点点代价，就获得这个更好的机会，仿佛有一个他不太清楚的东西在阻止他得到一个一般的机会而获取这个更好的机会。

这就是每次失败可能带给你的东西。如果你坚持你的信仰，坚定你的目标，抱着感激的心情，坚持每天去做事情的话，你就会得到它。

当你遭遇失败的时候，那是因为你的目标还不够高，你的要求还太少。继续前进，一个比你想像中更大的成功会奖励给你的。请记住这一点！

如果你按照我说的去做的话，你并不会栽在缺少必要的技能上。你会获得成功，得到达成你一切愿望所需要的才能。

当然，在这本书里面，并没有包括如何获得才能的学问。但是，那就如同致富一样简单。

因此，当你获得机会却觉得自己失败的原因在于缺少某种才能的时候，千万不要犹豫、不要观望，去做吧！你会发现，一旦开始着手行动，你就已经具备那种才能。林肯是一个没有受过正规教育的人，他却能当上美国总统，去处理复杂的政务。林肯这种能力的获得方式同样适用于你。当你需要那些技能的时候，你能够运用你的智慧得到它。满怀信心地去做吧！

　　仔细研读这本书。一直把这本书带在你的身边，直到书中的全部内容你都一一掌握。当你通过这种方式建立起信心的时候，你就会很容易地疏远那些娱乐消遣活动。你也会远离那些与本书观点相冲突的讲座与布道。不要去阅读那些悲观的、自相矛盾的文学作品，或者与之相关的争论。把大部分时间花在规划你的未来、培养感激之心和阅读这本书上面。你需要知道的所有致富之道都在这本书里。下面一章将会对所有的要点进行一次总结。

附　录

百万富翁的22条成功哲学

1.赚取财富的全过程就是以投资获取收益。用你手上所拥有的资金，换取回报。它可以是金钱、经验和能力。假如你既没有金钱，也没有经验和能力，但你有热情、勤奋和努力，那也可以作为你的资本。假如你连热情、勤奋和努力都没有，那一切只能是空谈。

2.财富累积过程中最重要的是找到你赚钱的动力而非赚钱本身。

3.假如致富的因素按照重要性排序，它们是：机遇、时间、金钱，而始终凌驾于它们之上的是你的决心、动力和准备！

4.总是昂首阔步的人注定运气不佳，因为他们想寻找的机遇一直藏在他们看不上眼的角落。

5.敢于投入是你要迈出的第一步。

6.下定决心，付诸行动。

7.尽早尽快备好资源，机遇不等人！

8.用真诚和善良来对待你身边的人，有时候，机会是别人给予的。

9.永远给别人比他们期待的更多一些。

10.遵循一个法则：多做并且快做，变着花样去做，就是不能跟着别人一样做。

11.只要全局在握，不必事必躬亲。

12.坚持立场，对人友善，信奉道义。

13.给自己设立过高的目标并不现实，你也难看到自己的进步。只有不断调整自身定位，在进步中成长，这样你才会快乐。

14.合约及合同只是一纸文件，不要轻易相信。

15.诚实守信，一诺千金，但对不守信的人例外。

16.想赢怕输的生意不适合你做。

17.投资，但别忘记给自己留够底牌。

18.无论什么情况你都要充分了解你的合作伙伴。

19.合理的避税无可厚非，但不要偷税漏税。

20.尽可能利用新闻记者，但不要轻信他们。

21.学习理财方法，当你有钱后，会比他人走得更远。

22.给自己预留一张最后的王牌，提防众叛亲离。